大益財金 06

# 主控戰略型態學

黃韋中　著

大益文化事業有限公司

# ···•目　次•···

# ···• 作者序 •···

《**主**控戰略型態學》是《主控戰略》書系的第七本，也是最後一本，這一路走來承蒙許多讀友的支持與鼓勵，著實讓自己成長了不少，也同時讓自己更深入思考許多有關或無關技術分析的問題。

最常被問到的是：我努力學會了技術分析，是不是就能夠在市場中賺錢？可以獲取多少比例的投資報酬率呢？

通常我的標準答案是：「不知道。」因為這是因人、因事與時空的不同，產生的結論也就會不同，這樣的問題就如同剛剛進入大學念書的年輕人問老師：「我努力念書到大學畢業，是不是在畢業後就可以找到一份稱心如意的工作，同時可以保障我有豐厚的薪水？」

筆者認為技術分析是一種專門技能，既然如此，它就可以經由學習而被取得。但是在學習技能的過程中，相同的觀念勢必會有人學得好，有人吸收能力就比較差，需要多思考

5

幾遍腦筋才能夠轉過來，這是因為每個人都是獨立個體，所產生的個別差異。

　　個別差異將會導致學習成效的好壞，而一般大眾不是資質特優的天才型人物，只能藉由加倍付出的努力縮短個別差異所產生的差距，當努力將技術分析這項技能學好之後，是否就能進入市場中，便可以開始獲利的萬靈丹？

　　當然是不可能的！就好比醫生從醫學院畢業後，必須先經由實習、實際工作，不斷的將所學的技巧與觀念，面對種種不同症狀的病患進行驗證，同時在失敗的過程中，汲取教訓累積經驗，才可能成為一位稱職的醫生，而在這之前，他可能會犯下一些錯誤，但即使成為一位稱職的醫生之後，也不能保證從此就不再出差錯，這不是一種基本的認知嗎？為什麼當醫生這項職業換成技術分析研究者之後，對應的態度與認知就有天壤之別呢？

　　技術分析研究者常常被質疑：技術分析已經這麼得心應手了，為什麼仍然會操作失誤？這不是正常的嗎？當學習完一套技術分析的邏輯技巧之後，只不過是具備了基本入市的條件之一，進入市場之後所面對的種種變化，勢必與學習過程中所探討的走勢不盡然相同，因此必須將技巧與觀念，經過實際操作的練習，求得屬於自己的操作模式，同時調整對市場的心態，不斷練習、調整，再練習、再調整！

　　沒有經過這樣的歷練，怎麼能成為一位稱職的操作者？

如果讀友們抱持看了幾本技術分析的書，做對了幾波行情，便覺得自己已經是市場中的贏家，那麼筆者要衷心的勸你，趁現在見好就收，趕緊離開這個吃人不吐骨頭的市場。雖然筆者自認為對技術分析的技巧已有一點火候，但仍分毫不敢放鬆對市場的警戒，隨時提醒自己在浩瀚的金融市場中，不過是一個青澀的投機散戶，或許有人認為這也未免太保守、膽小，然而這也是筆者目前仍可以持盈保泰的主要因素之一。

**技術分析的技巧是需要學習！**

**面對市場的態度也是需要學習！**

**如果我們很認真的看待這項事務，就不可以停止對這項事務的學習。**

唯有以這樣的心情面對市場、面對自己，才有資格探討自己能夠在市場中獲取多少投資報酬率。

同時，在這裡要分享幾年下來筆者操作的鐵律：

**一、不要進行有壓力的操作！**

**二、僅用不影響生活的閒錢進行操作！**

**三、僅操作自己能夠分析掌握的段落！**

**四、不要急！**

以上雖然是老生常談，但筆者仍再次強調：它很實用！

同時，在這裡也要提醒各位讀友，不要認為有所謂的「操作之神」，通常市場中的神話是經過渲染或是隱惡揚善

而來，因此在每個人操作的過程中，難免會產生操作失誤，但致命傷並不是這個失誤，而是面對失誤的態度。因此在還沒有進入市場之前，對各位讀友的靜言是：**要對你所學習的事物不斷的產生質疑**。就如同在閱讀《主控戰略》書系或是《實戰手記》書系時，要對書中任何內容的真實性與可靠度產生質疑，如果都照單全收、深信不疑，不如趕快將這些書燒掉，以免產生禍害。

唯有保持質疑的態度，才能讓學習過程產生正逆不同方向的思考，同時激發腦中的智慧之籽，讓自己的操作邏輯與思維發芽茁壯。照單全收不進行質疑與思考者，不過是一個背書匠，當面對市場的變化時會容易不知所措，畢竟在詭譎多變的市場中打滾，靠的是智慧而非運氣啊！

在此，筆者必須承認，閱讀《主控戰略》書系和《實戰手記》書系的書籍時，比一般技術分析的書籍還要困難一些，原因在於內容有著相關性與相互搭配性，畢竟觀察股價的波動要以全面觀，不能僅關注一條線或是一個點，這樣容易失之偏頗，導致研判時產生嚴重偏差。

此外，建議讀友要定下心來將書籍內容反覆閱讀幾遍，最好能夠在閱讀時，將範例中的股票線圖以股票軟體呈現在電腦螢幕上。原因是書本範例礙於篇幅限制，只能擷取當時一段時間的畫面，無法將整個股價波動的結構與相對位置進行比較，而這項研判工作將是決定接下來需要採取何種策略的重要關鍵。

　　在本書中，仍然使用了大量的技術線型圖檔做為說明，台灣的股票線圖是由股票分析軟體「奇狐勝券」所提供，該軟體是大陸博庭資訊（台灣代理商簡愛洋行）所授權使用，而大陸相關的線圖則是由股票分析軟體「飛狐交易師」所提供，該軟體是大陸博庭資訊所授權使用，在此一併致謝。

韋　中　謹識

主控戰略中心（Financial Market Tactic Information Center）
網址　http://www.fmtic.com

## ⋯• 前　言 •⋯


《型態學》的運用起源於《道氏理論》，根據該理論所述，金融市場中的波動是由大小不同週期的波動組成，走勢圖不會一直往右上方狂奔或往右下方狂跌，總是有休息再漲跌或是多空走勢結束進入轉折時，而這些休息與轉折的走勢經過長期觀察，被發現有其規律性與其重複性，所以將這些串聯《道氏理論》中的各種週期的特定走勢整理出來，便是現在技術分析中重要的理論：型態學。

　　《型態學》被完整的整理出來是由1920年代《富比士》（Forbes）雜誌的編輯理查・沙貝克（Richard W. Schabacker），他繼承並發展了道氏的觀點，同時將原本運用在指數中出現的技術信號應用於個股，並在1937年出版《技術分析與股票市場獲利》（Technical Analysis and Stock Market Profits）一書，接著在1948年由約翰・馬基（John Magee）與羅伯特・愛德華（Robert D. Edward）合著《股價趨勢技術分析》（Technical Analysis of Stock Trend）的書中，更有系統的整理道氏與理查・沙貝克的思想，成為趨勢和型態識別分析的代表作。

我們也可以將《型態學》視為是一種**符號學**,是由許多K線波動組合而成的符號,因此在辨識型態時,只要掌握幾個關鍵點進行確認即可,不需要非常嚴格的要求時間、價量、指標等相關訊息都要全部符合,也就是我們只要求形狀呈現出來後,就可以進行假設。

中國武術有所謂「只求神意同,不求形骸似」的要訣,換言之,如果一個習武的人每個招式都要求符合標準,那麼也不過是一個武匠,並非真正的武學高手,當遇到敵人時不知變通,就難免遭遇失敗了。不過話雖如此,並不代表在辨識形狀時,就可以隨便亂下假設,總是要有跡可循,步步為營。因為投資人面對的是「市場」勁敵,決不能有輕敵之心。

當操作者在觀察股價波動時,如果看見類似整理的型態出現,就認定未來股價必然會沿著原始方向前進,其實這是錯誤的認知,因為整理過程也有可能失敗,進而使走勢形成轉折,因此在運用型態、辨識與切入的掌握,無論是轉折型態或是整理型態,通常會有一套參考流程:**型態符合→確認突破(跌破)→幅度滿足**,這才算完成一個型態。

型態符合的意思如前所述,也就是只要符合幾個關鍵研判點就可以,不需要樣樣到位,但是型態符合是投資人自己心中主觀的認定,不見得是實際走勢的呈現,必須等到後續走勢進行確認,至於確認的最好方法就是等待突破或跌破型態的訊號,而在突破或跌破之後,必須滿足測量法則中最基本的測量幅度,才算是完成一個完整型態。

　　假設我們認為是在多頭整理型態調整的過程中，走勢無法突破或是呈現真突破訊號，甚至突破確認後未滿足幅度，都是屬於型態失敗，因此在運用時要有誤判的心理準備。為了避免產生誤判，解決之道是增強型態研判的辨識率，並具備能定位恰當的相對位置與分析當時時空背景的能力。

　　然而這一切都只有利用正確的方法，常看線圖、多練習。

　　至於面對型態的操作切入點，自然就在突破或跌破的那個位階，而型態完成的週期相對較大時，甚至應該考慮在突破或跌破之後，呈現拉回測試支撐或是反彈測試壓力後的再度攻擊訊號，才考慮切入操作，至於在型態還沒有被確認時，雖然領先進場佈局的操作方法也常被使用，但是必須要有更多相對條件輔助，同時我們也必須知道，這樣的操作方法雖然成本稍為低一些，不過風險也相對的高了一些。

　　在本書中，為了將《型態學》的運用建立一套標準，除了先在第一章說明傳統的道氏理論之外，也添加了筆者一些實務上的操作經驗。

　　第二章則是介紹技術分析中常用的幾種趨勢線，並特別針對「真假突破」、「真假跌破」與「騙線」的關鍵進行探討，使投資人在運用趨勢線時，能夠切實掌握要點，切實的研判何謂真正的攻擊訊號，同時可以有效設定操作停損觀察點，讓投資人避免因錯誤觀念的束縛，產生誤判與誤用。

　　第三、四、五章是介紹底部、整理、頭部的型態，每種型態都針對型態圖、形成走勢的特點、成交量、浪潮的相對位置進行說明，除了傳統的幅度測量外，更加重了領先買賣點與標準買賣點的研判技巧、停損與獲利的定位等觀念分析，相信可以讓投資人在認識型態、確認買賣點之外，更容易擬定與規劃投資策略。而除了傳統的型態之外，也針對幾個在市場中實際出現，但在傳統型態學中未曾討論到的型態加以說明。

　　如果在閱讀時感到有論述略嫌不足之感，尤其是在投資策略的擬定與規劃中的說明部分，請各位讀友針對類似型態的說明進行舉一反三或同理可證的推論。因為有許多型態的策略其實相差無幾，尤其是這部分很難以文字完整描述，不但需要實際操作累積經驗，更需要對當時的時勢具有基礎的審視能力，書中的策略說明僅提示梗概，至於無法完整描述的部分，就有待各位讀友努力的將它補足。

　　雖然《型態學》源自於國外，本書也參考了國外的著作進行撰寫（參考書目請參閱附錄），但在描述型態的特點與操作的方法卻與國外著作有相當大差異，也就是已經過實務操作上的調整，並且嚴格的予以分類，因此除了希望本書可以帶給投資人耳目一新的閱讀感之外，更衷心希望各位投資人，會喜歡閱讀本書，享受本書帶給投資人操作上的幫助。

# 1
## ··· 道氏理論 ···

在技術分析的領域中，存在最久而且是最多人認識的權威理論，首推《道氏理論》（*Dow Theory*）。在探討《型態學》這項技術分析之前，先要討論《道氏理論》，因為該理論的主要目的是**探討趨勢**，而且《道氏理論》被討論與完成的時間在《波浪理論》之前，當《型態學》在逐步成熟之際，對於趨勢的研判便是依賴《道氏理論》。

　　就筆者對這套理論的認識而言，《道氏理論》對於股價漲跌的循環觀念，類似自然界潮汐起伏，而在這過程中會產生比較細微的波浪或是漣漪，至於較大週期的潮汐容易被較小週期的波浪行為打斷，連結兩個段落之間的行為便形成了所謂的「型態學」。所以在探討型態學之前，必須先認識《道氏理論》，同時也要藉這個章節，釐清過去學習技術分析者對《道氏理論》的部分誤解。

　　這套理論最早是由查爾斯·道（Charles H. Dow, 1851~1902，《華爾街日報》的創辦人之一）發展出來，他認為這套理論並非用於預測股票市場，也不是用來指導投資人進行操作，而只是一般用來衡量經濟趨勢的指標，並為反映市場總

體趨勢的晴雨表。然而這套理論卻描述了股市波動中可能被重複出現的模型，也衍伸出《波浪理論》的誕生。**《道氏理論》中關於「潮汐」的描述，實為技術分析中的精髓**，投資人能夠認識這套理論，必能對股價波動的輪廓有更深入的了解。

《道氏理論》的完成經歷了幾十年之久。1902年，查爾斯‧道去世以後，威廉‧漢彌爾頓（William Peter Hamilton）和羅伯特‧雷亞（Robert Rhea）繼任《華爾街日報》的編輯工作，同時在發表關於股市的評論中，逐步整理、歸納這套理論，最後威廉‧漢彌爾頓在1922年出版《股市氣壓計》（*The Stock Market Barometer*）一書，羅伯特‧雷亞在1932年出版《道氏理論》（*Dow Theory*）一書，至此，《道氏理論》才有了完整的理論結構。

雖然正統的《道氏理論》擁護者認為：該理論強調的是整體市場的趨勢，較能夠詮釋代表整個市場的波動。但就台灣股票市場而言，探討台灣加權指數遠比探討個股更形重要，然而在實證之後，我們發現這套理論，運用在個股的討論上，依然可以恰如其分的進行詮釋，因為《道氏理論》是更高於《波浪理論》層級的自然界定律，個股走勢的呈現亦屬於自然界中的一部分，沒有理由不能「恰當」的使用。

# 潮汐、波浪與漣漪

　　《道氏理論》的精髓在哪裡呢？通常技術分析研究者喜歡利用潮汐的波動探討《道氏理論》中趨勢的觀念：一位住在海濱的居民，如何觀察自然界潮汐的波動？當一波海潮向海邊推動時，利用一根木樁定位在推動的最高點，而下一波海潮的推動高於這根木樁時，他就可以知道潮水是在上漲。同理，當下一波海潮的終點低於上一根木樁的位置時，他就可以知道潮水已經迴轉了。利用這樣的潮起潮落，正好恰如其分的解釋《道氏理論》中的長期趨勢，亦即相對於海水潮汐的漲落。

　　至於在漲潮、退潮之間，潮水向前推進或後退時，不可能一成不變的只是直線往返，應該會有反覆的轉折推動，比較大的轉折就是波浪，在每一波波浪上產生的波紋即為漣漪。從自然界的觀察，我們可以知道：海水漲落的最大輪廓是「潮汐」運動，波浪是架構在潮汐底下的行為，漣漪是波浪的細紋，因此要真正認識《波浪理論》，必須看懂潮汐運動，將這樣的自然律套用在反應人類種種行為的股價波動上，正好可以解釋短、中、長期股價波動間環環相扣的關係。

　　一般人在研究波浪理論時，最喜歡以到海邊觀看波浪做為比喻，看看海浪在礁岩激盪起的浪花，突然就感受到《波浪理論》的奧秘，假設這種比喻是真實，那麼觀浪者仍然忽

略一項最重要的環節，這個失落的環節正是研究波浪理論者的最大致命傷。真正了解自然律的人必定會再更深入探討，當時激起的浪花，是處於漲潮期還是退潮期？如果是漲潮期，那麼是處在漲潮期的開端或是結束？沒有思考與探討到這個層次，其定位的波浪將會產生重大缺失而不自知，因此認識《道氏理論》，不是懷舊與復古，而是**回到最原始的根本**，如此才能掌握問題真正的核心，進而解決問題。

# 基本原則

《道氏理論》強調：市場指數能將各種現象完全表現出來，除了神的旨意。

參與市場的每位投資者與投機者，無論他們根據何種訊息或是知識所下的決策，最終會呈現在指數的波動上，縱使發生火災、地震、戰爭等重大災難，市場指數也會迅速的加以評估並且反應。但是類似的事件若重複發生，力道將會被逐漸衰減。

為了使投資人能夠迅速、清晰的認識道氏理論的架構，特別將理論分成三大主題進行探討，分別是：**三種趨勢、確認原則與理論缺陷**，請詳見《表1》所列。

表1　道氏理論的基本架構

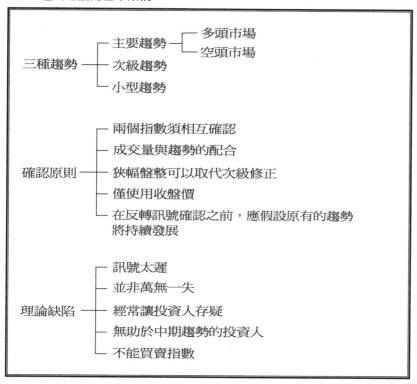

股票指數與任何市場都會具有下列三種趨勢：短期趨勢、中期趨勢與長期趨勢：

一、長期趨勢往往維持幾個月或是幾年，初學技術分析的投資人可以使用月線圖進行觀察。

二、中期趨勢則持續幾個星期至幾個月，投資人可以使用週線圖進行觀察。

三、短期趨勢則持續幾天至幾個星期，投資人可以使用日線圖進行觀察。

當對於趨勢了解到一定程度之後，自然在任何線圖都不

會產生週期性的困擾，也就沒有切換線圖的必要了。在任何市場中，這三種趨勢必然同時存在，走勢有可能方向會全然相同，也有可能產生不同方向，因此三種趨勢是探討短、中、長期彼此間的漲跌關係。

## 主要趨勢

**主要趨勢**(The Primary Trends)**是研判趨勢的最大關鍵，是大波段（長線）操作者最重要的參考**，縱使是短期操作的投機者，也必須要認識主要趨勢，如此才能在次一層級的趨勢中，清楚定位當時操作的相對位階，擬定相對安全的操作策略與資金控管，並使操作的利潤獲得最佳化與最大化。

**主要趨勢代表的是整體走勢**，又可以將其區分為多頭市場與空頭市場，趨勢持續時間通常超過一年以上，甚至可能延伸數年之久，在這麼長期的環境中，雖然市場上認為沒有方法可以正確判斷主要趨勢的可能完成點與可能持續的時間，但利用潮汐推演的方法（推浪三部曲與潮汐三部曲），可以掌握到整個波動結構中的重要脈絡，並且提供投機行為是否成功的重要參考因子。

在投機（或投資）的過程中，能掌握主要趨勢的脈絡是成功的最重要條件，因為投資人若可以有相當把握知道長期趨勢是往何處前進，那麼對於選擇恰當的進場點與出場點上，將可以提供絕對性幫助，同時也容易評估操作的風險在哪裡？而且也能夠清楚、明確的擬定相對應的資金控管與操作策略，在操作過程中，就不會產生進退失據的窘境，自然可

以擷取相當可觀的報酬率了。

## 多頭市場

　　要如何描述主要趨勢中的多頭市場（The Bull Market）呢？簡言之，在觀察較久遠的線圖輪廓時，可以明顯的看見高點創高、低點墊高的波動，高低點之間的距離平均約在2.3年左右，甚至更大；請注意！關於時間的描述只是一個概略值，不是絕對值。同時在高點與低點之間，會夾雜次級的折返走勢。在多頭市場中，往往可以區分出三個階段，分別是**承接、上升**與**沸騰**。

　　**就第一個階段「承接」而言**，代表當時關於經濟的報導相對悲觀，市場上的專家勸說投資人應該保有現金，充斥著不要積極進場的論點。而有遠見的投資人，已經察覺經濟訊號雖然仍在谷底，但有可能開始復甦，所以願意進場承接賣方拋售的股票，雖然此時成交量溫和放大，不過規模仍然相當有限。就技術面而言，此時應該注意種種進貨模式是否已經出現，並適時切入佈局操作。

　　**在第二個階段「上升」時**，經濟面已經出現好轉的訊號，公司盈餘產生明顯增加，股價也出現穩定的上漲走勢，成交量更隨之放大，這時是使用技術分析者獲利最豐厚的時候，因為當時的任何指標訊號都會相當準確，甚至將報紙貼在牆上用射飛鏢的方式選出來的股票也可以賺到錢。

　　**最後一個階段是「沸騰」**。此時大多數的人將會被股票

市場所吸引，報紙、網路、電視等媒體都是利多，很少聽到壞消息，而新上市與增資股也隨之蜂湧而出，許多不買股票的朋友開始詢問有沒有可以投資的標的。然而股價的上漲早就已經持續了一段時間，市場也開始離譜的喊價：某某股票將上看XX元、指數會上攻XX點。

但是不要忽略上漲的時間與幅度都已經面臨臨界點，最明顯的是投機股當道，績優股原地踏步，此時要思考的是應該退出市場的時機，並注意種種出貨模式是否已經出現，而不是等到誇浮不實的泡沫被戳破後才驚覺，因為在那之後伴隨的往往是迅速的修正，且修正幅度相當驚人。

又根據研究者的統計，在主要趨勢中的多頭市場，其上漲幅度由上一個空頭市場的結束點起算，多頭市場的漲幅往往會超過七成，部分個股上漲幅度甚至可以用倍幅計算。而多頭市場的上漲時間約在1.8年～4.1年左右，平均值約為2.3年。就個股而言，上漲的幅度越大，其上漲時間就容易被縮減。

## 空頭市場

如何描述主要趨勢中的空頭市場(The Bear Market)？空頭市場的成型源自於上一個多頭市場的結束。當上一個多頭市場進入第三個階段時，精明的投資人已經開始獲利了結，儘管當時的成交量與價格仍然吸引人，但是卻可以察覺成交量與價格的推升已經不若往昔。

而空頭市場呈現的走勢圖輪廓，可以明顯的看見高點越來越低、低點不斷創低的波動，高低點之間的距離平均約在1.4年左右，也有機會更大。當然！這只是一個概略值，不是絕對值。同時在高點與低點之間，會夾雜著次級的折返走勢。在空頭市場中，往往可以區分出三個階段，分別是**出貨、恐慌**與**絕望**。

**就第一個階段「出貨」而言**，市場的主導者已經逐漸出脫股票，導致量大不漲或是量大收黑的技術現象，緊接著大部分股票的參與者才發現不能再期待股價能保有繼續上漲的力道，這時買氣縮減，技術面會以量縮回檔的走勢測試多頭市場的支撐，並呈現多頭疲弱的反彈訊號，在這個階段雖然大部分的投資人已經滿手持股，卻也不願意認賠退出。

**在第二階段「恐慌」時**，買方力道急速縮減，賣方卻反映經濟指標與企業盈餘的衰退急於想要將持股出脫，導致價格一瀉千里，在不理性的賣方力道稍減之後，將會伴隨重要的反彈走勢，這次的反彈走勢屬於次級的多頭波動，將會耗費一段時間，並且吸引一些誤以為空頭走勢已經結束的投資人進場，但是反彈走勢將不會穿越多頭市場的頂部，相對於下跌走勢而言，其幅度也會受到限制。

**最後一個階段是「絕望」**，亦屬於全面的失望性賣壓，儘管手中持有的是體質健全的績優股，仍然抵擋不住人們想要求現的急迫，因為當時的經濟面已經相當惡化，然而在賣出力道耗盡之後，下跌的速度將趨於緩和，並使走勢逐漸呈

現價格狹幅震盪、成交量萎縮的技術現象。

就空頭市場的慣性而言，可以從上一個多頭市場的結束高點計算，主要趨勢中的空頭市場跌幅約在二成～五成之間，大部分落在三成左右，至於個股的跌幅，不但會有「對分」的訊號，甚至會產生最高價腰斬兩次以上的現象。而其空頭市場的時間則大約在0.83年～2.8年左右，平均值約落在1.4年，就個股而言，當其修正幅度越大，未來進入多頭市場第一階段時，所耗費的時間將會越久。

### 次級趨勢

次級趨勢（The Secondary Trends）是主要趨勢中所夾雜的重要折返（即所謂的反彈或回檔）。所謂重要是意謂著走勢相當明顯，但卻無法凌駕於主要趨勢之上。此種走勢對於長線投資人相對的比較不重要；而對於投機操作者無異是主要的參考因素。次級趨勢與主要趨勢的方向有時相同，有時會相反，在研判時必須要謹慎認定，以避免走勢折返是主要趨勢的改變。簡單的研判法則是**次級趨勢會有暴漲暴跌的傾向，且成交量在高低點的變化相當極端。**

通常次級趨勢產生的折返是主要趨勢中，前一段幅度的三分之一、二分之一或三分之二，持續的時間約三週或是幾個月不等。至於折返是呈現多少幅度與時間，必須以當時走勢圖進行推估，並沒有一定準則可言，只有利用當時時空背景進行相對性的運用，通常折返的幅度會維持在二分之一左右，三分之一的比例則較少出現，偶而會出現接近100%的

幅度。

對任何使用基本面分析與技術分析的投資人而言,在誤判次級趨勢的情況,且又沒有任何資金控管與停損機制的保護下,其蒙受的損失很容易就會超過先前所獲利的部位。

## 小型趨勢

小型趨勢(The Minor Trends)屬於較短期的波動走勢,而次級趨勢是由許多小型趨勢所構成,雖然坊間的書籍與傳統理論認為這樣的趨勢並無意義;但對於中長線投資人而言,辨識這些走勢有助於確認頭部與底部的完成,或是次級趨勢折返轉折點。目前因為期貨與選擇權商品被廣泛的發行,使投機者認真的看待小型趨勢的波動,因為這些商品的槓桿倍數相當高,在小型趨勢中尋找適當的買賣時機,可以追求最大獲利,但是相對的,操作風險也相當高。

小型趨勢的週期非常短,通常在六天～三週之間,因為波動的週期短、幅度有限,因此**最容易受到「人為操作」的影響**,使推論產生偏差,一般所謂的洗盤訊號都與小型趨勢有關。

## 兩個指數須相互確認

這項原則的原義是:任何一個指數所產生的訊號,都必須獲得另一個指數確認,否則就不是「有效」的訊號。然而在《道氏理論》中,這項原則常引起質疑與不信任,甚至有不知如何進行研判的困擾。對於投資人而言,建議運用這項

原則時，不必侷限一定要針對兩個指數，不妨嘗試運用在指數與個股之間的確認。而對趨勢研判技巧相對熟悉的投資人，僅針對一個指數進行分析亦可。

比如在《圖1-1》中，加權股價指數在標示A的對應位置是屬於創高走勢，在標示B當時加權股價尚未創高，而友達股價卻在標示B卻拉出新高點，如果我們將加權指數當成某一個參考指標，那麼友達股價的走勢顯然是與加權指數產生了「**頂背離**」的技術現象。這告訴投資人兩種含義：

一、當時帶動加權股價走勢上揚的主流股，可能是最後　上漲的族群；

二、當最後上漲的族群走勢結束之後，加權指數將會出現劇烈修正，而該族群股價亦會出現明顯反轉，其修正幅度將會相當驚人。

我們可以利用簡單的黃金螺旋測量法則，推估友達股價的相對滿足區，其中某一段上漲3.236倍的幅度是74.3元左右，另一段測量的5.236倍數據是75元左右，兩者相當接近，在穿越之後原本就需要注意股價止漲訊號，在上述與加權走勢比較的技術面背景下，出現止漲訊號與短線反轉訊號時，應毫無考慮的先獲利了結退出觀望。

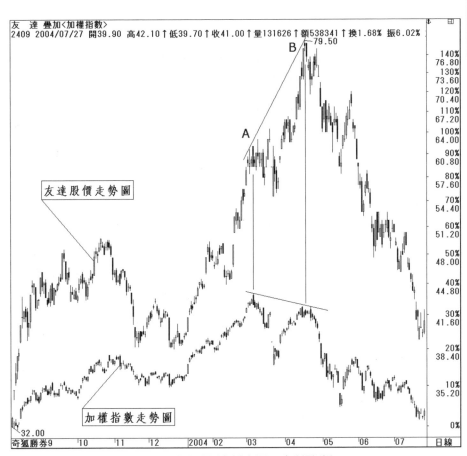

圖1-1　友達股價與加權指數的疊加圖(資料來源：奇狐勝券)

## 成交量與趨勢的配合

　　當價格屬於主要趨勢中的多頭波動時，通常成交量的變化會呈現價漲量增、價跌量縮的走勢，空頭市場的情況恰好相反，通常會出現價跌量增、價漲量縮的走勢。在次級走勢中也會呈現這樣的規則，但是比較起來相對的不那麼明顯，尤其在進入轉折型態或是中繼型態時，成交量的變化會有一些特定的模式可供參考，在後續的章節將會繼續進行討論。

　　在《圖1-2》當中，以光罩股價在2006年5月附近的走勢為量價關係的說明。當時走勢僅能視為次級趨勢，但依然會遵循價漲量增、價跌量縮的規律。從標示A的這波攻擊段來看，成交量順著走勢向上而量增，亦即該波段是走「**滾量盤**」模式上攻，同時代表走勢過程中不斷的進行「**換手**」，當成交量不再持續增加，代表投資人對追價走勢產生疑慮，換手就會產生停滯，如此一來，動能就會萎縮，同時會造成股價不容易持續上漲。

　　因此，成交量在標示C達到最高峰，後續成交量縮減之後，可以看見股價走勢開始震盪，已經沒有之前急漲的行情，最後在創下25.25元的避雷針線型後止漲，股價從此反轉壓回修正。同理，標示B的這段上漲是屬於更低於標示A這段走勢的次級趨勢，一般稱為**反彈走勢**（相較於標示A上漲而言），雖然屬於反彈，仍然可以看見價漲量增、價跌量縮的規律，且在標示D之後，出現量能無法持續增加的情形下，股價便結束這波反彈。

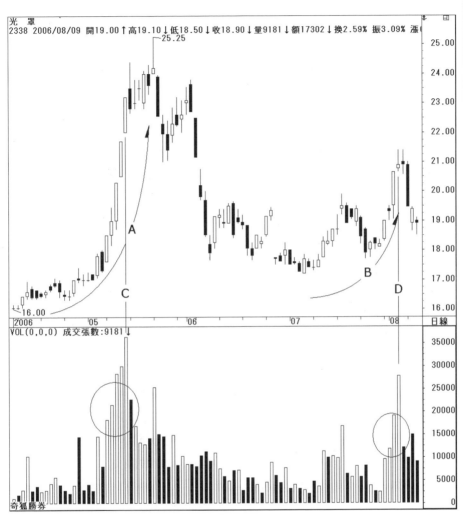

圖1-2　光罩股價與成交量的對應關係(資料來源：奇狐勝券)

## 狹幅盤整可以取代次級修正

狹幅盤整是指某個或是兩個指數呈現出橫向的走勢，這樣的波動將持續三週或是幾個月之久，波動的幅度不大，因為這是相對於主要趨勢的波動，故不建議界定波動的幅度數字。產生狹幅盤整的意思是買賣雙方的力道處於均衡，當多空拉鋸的時間越長，未來產生方向突破的力道也會越大。

正常而言，在主要趨勢中發生的中繼型態，都可以列入狹幅盤整的走勢中，並不單純僅僅針對水平走勢的箱形，而在主要趨勢或是次級趨勢的轉折臨界點，所產生的反轉型態，也可以歸納在此之列。

## 僅使用收盤價

《道氏理論》不重視盤中交易過程中所產生的最高價與最低價，比較重視最後的收盤價，因為收盤價是絕大部分交易者擬定隔天計畫的主要參考依據之一，因此尾盤有所謂的主力作價手法（請參閱《主控戰略即時盤態》，寰宇出版），同時也是今日多空交戰之後的最後結論，根據此一結論便可以推測當日多空力道的強弱。

然而在交易過程中所產生的最高價與最低價，並非全然沒有作用，因為在該層級中形成轉折位置的高低點，將是技術分析中重要的多空頸線位置，同時也代表了壓力與支撐的參考價格，因此在進行突破（或跌破）頸線的技術現象時，我們將會採用收盤價進行確認，亦即收盤收在代表壓力的頸線

之上，在當時才算是真正的有效突破。

　　至於收盤價要突破頸線之上多少百分比或多少價位？要維持在頸線上多少個交易日？並非真正關鍵重點，這在《主控戰略》書系中已經討論過多次：我們重視當時是否以收盤價突破或跌破，並且觀察在後續走勢中是否將突破與跌破的關鍵價位破壞來決定其效度，完全不考慮突破多少與突破幾天這樣的偏差觀念。

　　我們可利用《圖1-3》探討關於頸線突破的運用，請注意！在此範例中，只討論突破的關係，對於當時的趨勢層級與研判並未列入。

　　圖中標示B、D、E、F的位置都在股價負反轉高點上畫一條水平的壓力線，一般亦可以稱為頸線。當標示A的長紅K線突破標示B的頸線時，首先應觀察收盤價是否在頸線之上？若是，則為有效突破。同時取標示A的那筆K線低點為觀察點，未破該筆棒線低點以前則定位走勢是屬於：「**真突破**」。

　　利用同樣的方法研判，雖然標示C的紅K棒對標示D的頸線呈現有效突破，但是後續的走勢跌破了標示C長紅棒線的低點，因此這是屬於「**假突破**」。至於標示G的兩筆棒線，雖然K線曾經穿越標示E、F的頸線，但是收盤價並未收在頸線之上，並沒有呈現「有效突破」的訊號，那麼就不需要討論到是否需要觀察「真假突破」的技術面了。

　　至於有效突破是否會變成真突破？搭配主要趨勢與次級趨勢的研判，是可以掌握的，實務操作上並不會買在產生像標示C的有效突破後，事實上是假突破走勢的那一筆K線上。

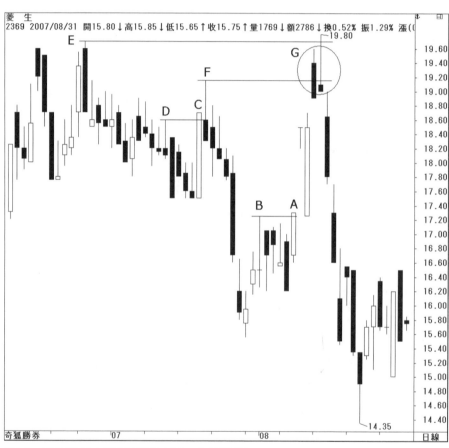

圖1-3　菱生股價走勢圖（資料來源：奇狐勝券）

## 在反轉訊號確認之前，應假設原有的趨勢將持續發展

這個原則的意義是：**繼續持有原本擁有的部位，直到趨勢被確認產生反轉**。其輔助的原則是：**當趨勢已經被確認後，要注意可能隨時發生反轉**。看似相互矛盾的原則，其實是相輔相成，因為所謂的「確認」，不過是投資人心中主觀的認定，在走勢不斷前進的過程中，必須確認原本的方向仍持續保持優勢，因此輔助原則的目的在於讓投資人保持警覺意識，必須隨時注意市場行情發展，並保持彈性的研判。

本原則最大優點是讓投資人保持「**不急躁**」的交易態度，不必因為市場的一點風吹草動，就急著改變持有的部位與交易立場。請注意！有耐心不等於無視於趨勢的變化，或是在趨勢產生變化時仍做不必要的拖延，就如同股價碰觸到停損點或是停利點時，標準做法是等待反彈走勢再行退出，但是有時碰觸的那瞬間當機立斷立刻執行，所耗費的成本卻是最低，原則上，這些操作差異，也是取決於當時的**趨勢變化**。

請謹記：**多頭市場不會永遠上漲，空頭市場遲早也會見底**。因此在主要趨勢產生可能的轉變時，次級趨勢會先產生變化，請看《圖1-4》。當主要趨勢有機會見底時（指標示L），股價出現的上漲走勢只能先定義是次級趨勢的位階，因為它有可能只是相對於主要趨勢的反彈修正，而非真正是主要趨勢的上揚，直到走勢壓回到標示A之處，再根據後續的變化決定趨勢是否改變？

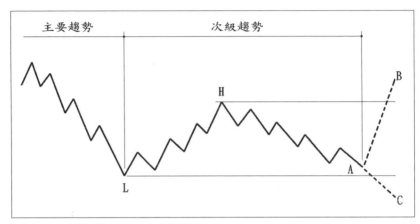

圖1-4　主要趨勢與次級趨勢的推演

　　根據這個簡單的走勢圖，可以簡單的規劃出幾個研判重點。請注意，以下列出的重點只是對應《圖1-4》走勢而言，當走勢有所不同時，研判的重點應該也要隨著調整，討論如下：

一、回到標示L處時，利用種種測量法則與衡量當時時空背景，若測幅滿足或是超跌，經濟面的訊號又趨向於悲觀，利空消息也不斷湧出，那麼就有機會在這裡成底，就算沒有成底，也應該規劃有一個像樣的反彈。

二、無論如何，彈升到標示H這段時，只是次級趨勢的上漲，漲勢結束的訊號出現時，股價仍要回歸主要趨勢的看法。

三、當下跌後在標示A的位置出現止跌訊號，我們再根據當時走勢研判，可能是要走標示B的這個波段，或是要走C的波段。

四、標示C的波段代表走勢維持主要趨勢，標示B的波

段代表有極高的機率改變主要趨勢，但仍需「**再確認**」。

雖然這樣的研判會引起訊號太遲的非議（請看下一個單元的討論），但是就長線操作而言，卻相對的安全。

## 訊號太遲

《道氏理論》最常招致的批評就是訊號太遲，必須等待確認訊號或是再確認訊號。事實上，許多未經確認而自作主張進行操作者，其操作績效真的會優於確認者嗎？其實是頗令人存疑。為了解決訊號可能太遲的困擾，我們可以嘗試做下列的調整：

一、研判主要趨勢與次級趨勢的相對位階。

二、擬定對應的操作策略。

三、計算可能的滿足區。

四、進行操作的風險評估。

五、調適面對可能研判錯誤的心態。

請嘗試利用《圖1-4》的基本模型，搭配《圖1-5》的實際走勢，進行上述五個要點的操作推演。

在《圖1-5》的走勢圖中，我們可以明顯看出主要趨勢是向下，當下跌到標示L0的位置時，股價出現正反轉向上，出現了標示P這段上漲走勢，此時我們只能夠定位這段屬於次級趨勢的上漲，其目的只是要修正主要趨勢，亦稱為**反彈**。當再度回歸下跌走勢時，發現下跌到標示L1的位置就出現止跌，並沒有跌破標示L0的谷底，代表次級趨勢的反彈尚未走完，因此可以擬定進行另一個次級趨勢反彈的操作策略，同時評估風險利潤比後，設下操作的停損點與可能的上漲目標區。

在圖中，標示A正好穿越標示P這段的黃金螺旋2.618倍幅，已經是屬於相對作多風險區，因此應該注意獲利了結的時機。運用同樣的方法，當股價從標示A反轉向下之後，跌到標示L2又出現止跌，同時拉出標示Q的這段上漲，因此再度評估當時趨勢之間的對應關係，並且可以在標示L3嘗試再操作多單，同時設下停損價與預估可能的目標區，並在標示B、C的位置獲利了結。

圖1-5　威盛股價走勢圖(資料來源：奇狐勝券)

## 並非萬無一失

　　沒有一種理論是萬無一失，只有相對安全、穩定的方法，**千萬別追求所謂的操作聖杯**。請記住：世界上沒有絕對的操作聖經。要讓相對安全、穩定的方法發揮到淋漓盡致，仍需考驗使用者對該理論的認知深淺與能力高低。

## 經常讓投資人存疑

　　《道氏理論》僅提供推論性的答案，不提供操作者絕對性的答案，這會使缺乏耐心、急功近利與沒有搞懂趨勢問題的投資人投下不信任票。因為《道氏理論》會在主要趨勢的多頭市場仍在行進中，且已經處在相對高點的位階時提醒投資人：「雖然主趨勢尚未改變，但已經具有相當的風險。」問題是投資人很可能只為了追求短線價差，甘願冒相對較高的投機風險，或是根本已經被市場利多消息沖昏了頭，心中充滿了願景與夢想，誰會相信具有風險觀念者的警告？

　　我們嘗試以《圖1-6》說明關於風險的觀念。筆者從「主控戰略中心」的每日盤後貼圖討論中，擷取關於2007/07/25與2007/07/26這兩天的部分內容，有些敘述其實在每日的討論中是很少更動的（屬於主要趨勢），短線的部分就會隨著每日K線而有所不同（屬於次級趨勢或小型趨勢），轉述如下：

**2007/07/25**
**以長線推浪觀察，滿足目標後的當月（指2007年**

6月）或是隔一個月（指2007年7月）往往是波段高點……
又月線格局中推浪目標的最大期望值已經被穿越滿足，
因此應該要注意「日線」止漲訊號的出現。……當股價
已經推動到滿足區者，宜注意獲利了結的點位。

## 2007/07/26

在昨日紅Ｋ並排的走勢下，原有多方推動力道力竭
之跡象，今日長黑為確認，因此宜假設此波段止漲，將
進行第四大波的修正。……。

而在當時多頭炙熱的氣氛下，具有風險意識的操作者恐
怕不多，在那當時市場上已經出現離譜的喊價行為，比如：
伍豐（代號8076）市場傳言主力將要作價到1300元。事實上，
最高價1085元在2007/07/27完成，撰稿時已經修正到的最低
價是149.5元。又如台半（代號5425）亦傳言將會拉到300元，
結果在2007/07/26見到當時最高價79元就反轉而下，撰稿時
已經修正到的最低價是24.5元。而在多頭氣氛最夯的IC設計
股，也從雲端跌落，出現強烈的修正。據傳聞，許多經理人
因為利用丙種資金操作IC設計股而導致嚴重虧損。

上述的情形若能依據主要趨勢走勢的多頭力道減弱，並
提高操作的風險意識，同時分批逢高獲利了結。縱使無法將
全部波段利潤收入口袋，也能保持豐厚的獲利。請永遠記
得：**股價在向上漲時出脫容易，在向下修正時想要順利出脫
則是相對困難。**

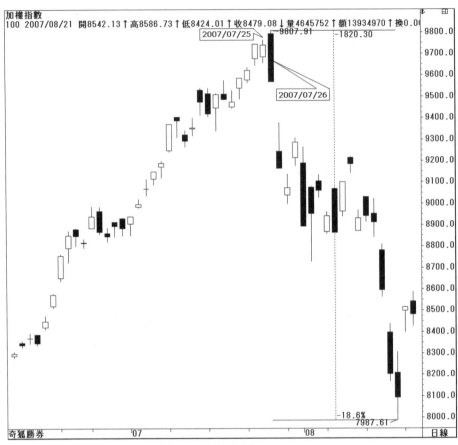

圖1-6　加權股價走勢圖（資料來源：奇狐勝券）

## 無助於中期趨勢的投資人

研究《道氏理論》的傳統技術分析者認為，該理論無法在實務上提供中期趨勢的變化訊號，幫助投資人在次級趨勢中獲利。筆者認為：所有的趨勢變化如同宇宙一般，大銀河內有小銀河，至於大小銀河的定位，端視觀看者所持的位階；在佛經中，有所謂「一沙一世界，一葉一菩提」的觀念；換言之，主要趨勢是由次級趨勢與小型趨勢所構成，不同層級的趨勢將會呈現相同的模型，因此對於趨勢的研判觀念，不會因為層級大小而所有改變，差別只是在格局與週期長短罷了。

在1997年由史蒂芬史匹柏（Steven Spielberg）導演的《MIB星際戰警》（*Men In Black*）這一部電影中，描述蟲族為了搶奪「銀河系」而到處作亂，而銀河系在地球人眼中竟然只是一顆彈珠。這種想像力已經打破一般認知的座標結構，說不定我們生活的銀河系，不過是另一批生物眼中的彈珠罷了，這就是「一奈米一宇宙」的觀念。

以這樣的思維探討趨勢的層級在恰當不過了。所以只要能夠掌握趨勢的研判法則，再針對不同的層級定位，那麼在主要趨勢保護下，次級趨勢（中期操作）自然可以掌握到恰當的方向，如何說無法幫助操作中期趨勢的投資人呢？

## 不能買賣指數

傳統的技術分析者認為：《道氏理論》主要目的是協助投資人判斷主要趨勢的方向，而大部分的股票都會順著指數的主要趨勢齊漲齊跌，只有少數例外的逆勢股。趨勢不能告訴投資人該買進哪一檔股票，但卻可以告訴投資人何時是相對安全的買點。

我們可以從過去的歷史線圖得知，個股的走勢能否出現明顯漲幅，與指數的走向有絕對關係，既然可以利用一些技巧進行對指數的趨勢研判，那麼在主要趨勢的多頭市場中，利用相同的研判技巧自然也就可以切入個股的操作。而市場也有所謂的指數期貨商品，走向的相關性在小型趨勢可能會有些差異，但在主要趨勢是相當一致，因此指數不能操作的時代已經過去，我們可以利用市場上提供的多元化金融商品，進行投機性質的操作。

# 2

## ⋯ 趨勢線與缺口 ⋯

K線圖是研究技術分析最基本也是最重要的工具，利用
連續的K線圖可以觀察潮汐、趨勢變化，更可以藉由
短線走勢測知當時多空方向的力道；利用K線圖的種種組合
變化加以分析的技巧，泛稱為圖形分析（Chart Analysis）。其
中《型態學》是重要的圖形分析技巧之一，為了研判型態的
完成度與突破型態的力道，必須輔以趨勢線（Trend Line）與
缺口（Gaps）的技巧。

## 趨勢線的基礎

**趨勢線（Trend Line）是利用走勢波動中兩個以上的谷
底，或是兩個以上的峰頂所取出的連線**，屬於順勢交易的技
巧，同時得隨走勢的變化進行修正，以符合實際走勢的最佳
化。在畫線時，如果是針對上漲的走勢進行研判，畫出來的
趨勢線大部分是利用谷底連線，反之亦然。雖然在上漲過程
中，有時也會選擇峰頂的連線觀察，但該線條並非用在趨勢
轉折的研判，而是走勢的原始力道能否延續或增強的判斷。

　　雖然型態的完成與否是利用收盤價進行確認，但在實際走勢中的K線高、低價位，仍然代表壓力或支撐，所以在取趨勢線時，除了至少要有兩個以上的關鍵點外，以切過K線圖的上下影線或是實體邊緣為佳，但是不宜切進K線的實體內部，尤其是在畫上升趨勢線時，如果谷底的那筆是黑K線，切過收盤價的效果會比切過最低價或下影線還要好。

　　再則當股價走勢呈現相對較密集的震盪時，如果所畫的趨勢線能夠穿越的上下影線越多，其可靠度會越佳，但無論如何請注意**趨勢線可以切過實體邊緣，但不要切過實體的原則**。而突破或跌破趨勢線要以收盤價做為「**有效突破**」或「**有效跌破**」的確認，特別是該條趨勢線趨近於水平走勢時。

　　請看《圖2-1》，在畫上升趨勢線時，能將標示A、C、E這三個谷底都能夠切過最佳，因此在畫線時宜就當時走勢進行最佳化調整，以便能夠恰當的掌握當時實際走勢。而在研判趨勢是否有機會產生轉折時，通常取A、C、E三點為上升趨勢線，不取B、D、F畫線。

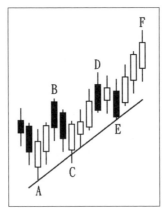

圖2-1　上升趨勢線

　　請看《圖2-2》，在畫下降趨勢線時，能將標示A、C、E
這三個峰頂都切過最佳，因此在畫線時，最好就當時走勢進
行最佳化調整，以便能夠恰當的掌握當時實際走勢。而在研
判趨勢是否有機會產生轉折時，通常取A、C、E三點為下降
趨勢線，不取B、D、F畫線。

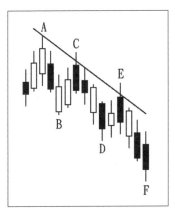

圖2-2　　下降趨勢線

　　請看《圖2-3》，有時股價的走勢屬於橫向整理，因此畫
出來的趨勢線通常先以水平頸線表示，並以切過上、下影線
最多者為參考，圖中A、E是取最低點，C的下影線略微穿過
水平頸線無妨，類似這樣的取線既然都已經切過下影線，就
不必進行修正，要求一定要切過實體邊緣不可，除非移動頸
線後可以經過更多谷底的影線。

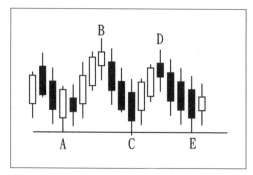

圖2-3　水平頸線

　　趨勢線的角度通常決定了當時走勢的強弱。請看《圖2-4》，當所畫出的上升趨勢線角度較為平緩時，那麼相對的漲勢較為平緩，同時也不容易被跌破；而上升角度較陡的趨勢線，其相對的漲勢會比較強勢，但也容易被跌破。前者雖然不容易被跌破，但跌破後往往是重要走勢的轉折，且後續不容易再創新高點；後者雖然容易被跌破，但跌破後往往只是走勢結束進入盤局，後續仍有機會再創高點或是進行趨勢線修正。因此趨勢線的角度力道，沒有絕對的研判，只有相對的研判。

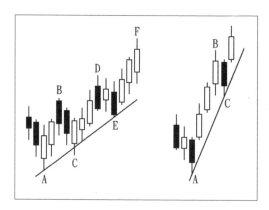

圖2-4　趨勢線的角度

## ❧ 實例說明 ❧

《圖2-5》是台泥股價2003年底到2004年初的上漲走勢。利用該股走勢圖中的谷底繪製趨勢線時，以能夠切過的下影線越多越佳，同時也代表該趨勢線的有效度較佳，未來趨勢線被跌破的訊號也會相對可靠，比較不容易呈現「**假跌破**」的技術現象。

台 泥
1101 2004/04/07 開17.90↓高18.00↓低17.60↓收17.70↓量22525↑額40062↑換0.72% 振2.23% 漲

奇狐勝券

圖2-5　上升趨勢線的畫法(資料來源：奇狐勝券)

　　請看《圖2-6》，從日月光股價2003年底到2004年初的上漲走勢中，可以取出幾條角度不同的趨勢線做為參考。而趨勢線的角度，往往代表當時走勢的強弱，以圖中標示L1這條上升趨勢線而言，角度較陡意味著當時走勢較為強勁。

　　因此趨勢線容易被跌破，並進入股價修正走勢，然而較陡的趨勢線被跌破之後，再創新高的機率較高，除非當時走勢已經屬於末升段上漲。

　　至於標示L2、L3的上升趨勢線，因其相對角度較為平緩，代表漲升力道較弱，同時趨勢線的支撐力道也較強，跌破後股價進入修正或是反轉的機率會較高，亦即不容易再創波段新高點。

　　從走勢圖中可以觀察到，因為L3的角度較L2平緩，跌破後所出現的反彈走勢，比較起來，其幅度也相對的較少。

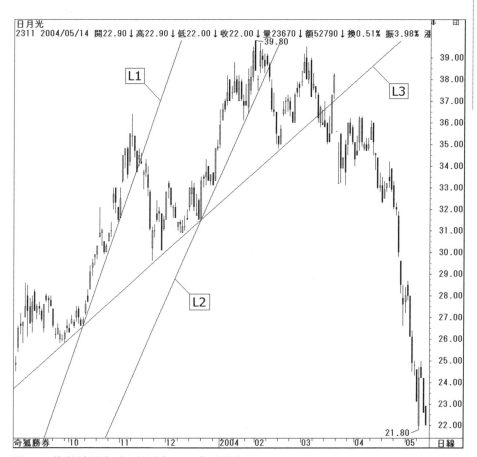

圖2-6　趨勢線的角度（資料來源：奇狐勝券）

# 突破與跌破的確認

在探討突破與跌破的意義以前，必須先了解這些行為是針對哪裡發生？一般而言，在震盪整理過程中產生的趨勢線，有所謂的壓力、支撐以及關卡等不同名稱，這些名詞有其嚴謹的定義，不宜混淆。

**所謂壓力是當股價出現負反轉走勢時，取其負反轉的最高點所畫出的水平頸線即為壓力。**此壓力線無論在空頭下跌過程中或是多頭上漲過程中，都可以取用，然而在多頭上漲過程中取出的壓力線，又稱為「**多頭關卡**」。

**所謂支撐是當股價出現正反轉走勢時，取其正反轉的最低點所畫出的水平頸線即為支撐。**此支撐線無論在空頭下跌過程中或是多頭上漲過程中，都可以取用，不過在空頭下跌過程中取出的支撐線，又稱為「**空頭關卡**」。

通常多頭的攻擊必須針對「多頭關卡」進行，才會相對可靠，反之亦然。

至於真假突破與真假跌破，在《主控戰略》書系中已經強調過多次：**突破與跌破的行為，不在於價位突破或跌破多少%，或是突破或跌破幾天，而是在於關鍵價位的研判。**因此所謂的真突破，必須針對壓力或是關卡進行多頭表態，也就是以明顯的多頭走勢(如中長紅的K棒)站上頸線，且當筆

K線的收盤價必須收在頸線之上，而當筆K線的低點即為觀察點，未來股價沒有跌破該低點，並滿足某一個測量幅度時，就是真突破，反之則是假突破。

請看《圖2-7》，當中長紅棒線突破頸線，且收盤價收在頸線之上時，該筆K線即為關鍵K線，利用標示B的低點取一條水平線觀察，未破該價位便判斷股價為「真突破」。當股價走勢維持真突破的技術現象時，代表的意義是：利用當時走勢進行某一個合理的目標預估值將會被完成。

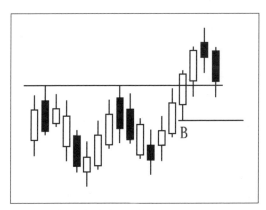

圖2-7　真假突破的研判

接著請看《圖2-8》，利用相同觀念思考可得：當中長黑棒線跌破頸線，且收盤價收在頸線之下時，該筆K線就是關鍵K線，利用標示A的高點取一條水平線觀察，未過該價位便判斷股價為「**真跌破**」。當股價走勢維持真跌破的技術現象時，代表的意義是：利用當時走勢進行某一個合理的目標預估值將會被完成。

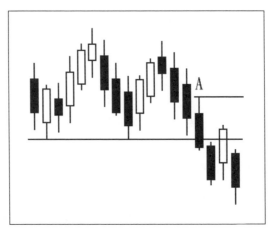

圖2-8　真假跌破的研判

　　這就是真假突破與真假跌破的真正研判法則，請各位投資人應該揚棄錯誤的定義與研判方法，否則在操作上將會出現進退失據的窘境。

## ～ 實例說明 ～

　　請看《圖2-9》。圓剛股價在2005年底的上漲過程中，我們可以先利用初升段進行測量，得到不同的黃金螺旋目標參考值，當股價穿越3.236倍之後，形成標示H1的止漲點，同時進入震盪走勢，接著以標示A的中長紅棒線對經過H1的水平頸線呈現突破走勢，突破的那筆K線低點L1則為觀察點，如果在當時進行多單操作者，應以L1的數據為停損觀察點，同時這也是真假突破的關鍵研判點。

　　同理，標示H2的止漲點是穿過4.236倍形成，標示B則是針對通過H2的水平頸線呈現突破的技術現象，那麼標示L2的數值即為作多停損點與真假突破的關鍵研判點。請注意！

只要維持真突破的技術面，則合理預估的目標值將會被滿足；若出現假突破，則先假設不會滿足預估的目標，除非後續出現其他對多頭有利的走勢。

圖2-9　真假突破的研判（資料來源：奇狐勝券）

　　請看《圖2-10》，美齊股價在2006年5月附近的下跌走勢中，標示L1的水平頸線，可以視為短期的多頭支撐，當標示A的棒線跌破該條頸線後，其K線高點將成為壓力。

　　同時也是作空者的停損點與真假跌破的觀察點，未過該筆K線高點以前，便可以假設當時走勢為真跌破。

　　後續標示B的K線同時對L2、L3所定位的頸線呈現跌破訊號，那麼標示B的K線高點即為觀察真假跌破的關鍵研判點，標示C則是對應到標示L4的水平頸線觀察，運用的方法是相同的，只是跌勢越靠近末端，真跌破的效應就會遞減，因此請不妨善用測量法則協助規避風險。

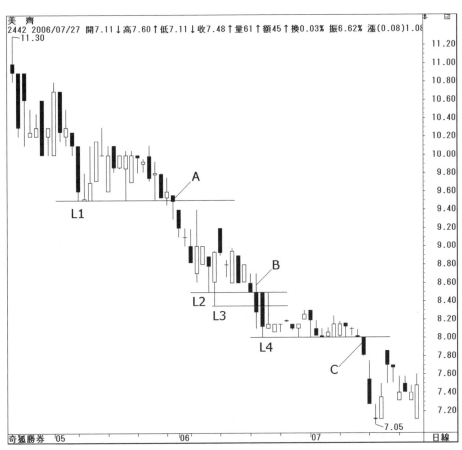

美齊
2442 2006/07/27 開7.11↓高7.60↑低7.11↓收7.48↑量61↑額45↑換0.03% 振6.62% 漲(0.08)1.08

圖2-10　真假跌破的研判（資料來源：奇狐勝券）

# 騙　線

　　所謂騙線是泛指在操作過程中，利用K線型態與技術指標研判時，原本出現針對某方向進行突破的行為後，卻沒有完成預測的走勢並完成最基本的目標滿足，股價反而往反方向前進，此即為騙線。當出現騙線時，代表操作的停損機制要立刻啟動，同時需要進行所謂的「**逆向思考**」。

　　所謂反轉是指股價出現轉折後，未能再創當時的高點或是低點，同時完成真跌破與真突破的技術現象。產生反轉的現象代表當時該層級的股價走勢已經完成一個段落。

　　請看《圖2-11》，是多頭陷阱的基本圖例，當股價以多頭走勢突破盤局後，在當時立即可以設下兩個基本觀察點：
　　⑴作多的停損點。
　　⑵最小(或基本)的目標滿足區。
假設股價向上衝高後，沒有滿足最小的目標區，代表多頭的力道不足，此時若回頭跌破原始設定的作多停損點，則應該先假設當時走勢屬於「**多頭騙線**」，這時投資人除了將手中所持多單先行退出之外，也可以伺機反向操作。

　　在這裡有一點要特別注意，當確認多頭騙線的訊號後，只代表當時走勢又回到多空不明的狀況，同時暗示走勢可能要進行針對原始研判方向進行逆向思考，並不代表走勢已經完全轉向另一個方向，故上述說明僅僅提示「**伺機反向操**

作」，而非立即反向操作，想要進行反向操作，仍必須等待另一個方向的訊號出現才可以動作，一般的投資人往往忽略這樣的結構變化，偶而做對就沾沾自喜，萬一做錯時卻不知道所犯的錯誤其癥結在何處。

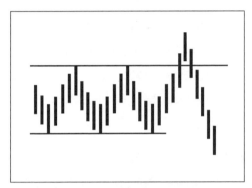

圖2-11　向上突破的騙線（多頭陷阱）

　　同理，《圖2-12》是空頭騙線的基本圖例，投資人可以利用多頭騙線的描述，將其反過來運用即可。至於繁複的圖形變化，仍不脫離基本圖例的雛形，只要舉一反三即可以套入運用。

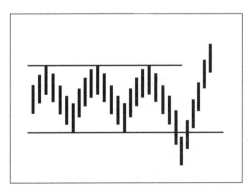

圖2-12　向下跌破的騙線（空頭陷阱）

## ～ 實例說明 ～

　　請看《圖2-13》。凌陽股價在2006/04/21當天針對標示H1的頸線呈現突破的行為，創下當時最高價46.5元，當日除了收漲停板之外，也爆出了36949張的大量，如果以真假突破的方法定位，當日K線低點L1即為真假突破的觀察點，同時也是作多停損點，雖然當時多頭氣勢強烈，一付就要上漲的樣子，但是在這個推動的位置以爆大量方式突破頸線，從實戰推浪技巧的研判方法觀察，是具有相當風險。我們不妨先回顧當時的消息面：

**東森新聞網**（2006/04/21　　星期五　18:17）

　　凌陽第一季營收受惠驅動IC出貨增加表現較去年同期成長，第二季是消費電子旺季，公司看好MCU出貨在第二季將可望有明顯成長，由於毛利率高，料將有助於凌陽第二季獲利表現；公司訂於週五下午舉辦第一季法說會，由於近期法說概念股表現亮麗，吸引買盤搶進卡位，股價於盤中放量攻漲停並鎖死到終場，最後以46.5元，上漲3元作收，股價並創近三季新高……。

　　事實上，在市場消息面看好的背景下，隔一個交易日（即2006/04/24）立即低開跌破標示L1的停損觀察點，盤中打到停跌鎖死，K線型態組合是多空反轉訊號強烈的「**迴轉線**」，其變化令上一個交易日搶進的投資人當場傻眼，再下一個交易日則又是直接低開重挫收跌停。從這個例子可以得知，相對位置的定位若產生偏差，誤判真突破訊號者，不幸將面對如凌陽股價迅速重挫的走勢。在此，我們也回顧當日

消息面的報導，讓投資人與走勢圖比對。

**鉅亨網**（2006/04/24　星期一　11:52）

IC設計股今（24）日漲跌互見，雖仍呈現漲多跌少，但上週五召開法說會的凌陽因在對後續成長說法不明確， GSM手機晶片推出時點至年底以後，不如法人預期，開盤急殺跌停關門⋯⋯。

從這兩則新聞可以比較得到：基本面的變化與解讀，竟然只在過了一個星期天之後產生這麼巨大的改變，再回過頭想想：既然基本面若如2006/04/21所報導的如此之佳，又有誰在股價表態時，大量供應籌碼呢？尤其那一天量能（36949張）的技術面屬於「絕對巨量」，在相對位置有疑慮時，反應的就是股價不容易攻堅，也就容易出現「**多頭陷阱**」。

而凌陽股價在第一段下跌後，造成空方氣勢已經顯露，雖然標示L2的低點形成短期的多頭支撐，然而卻無法建構出底部，促使股價做出比較像樣的反彈，當跌破標示L2的低點時（一般會稱為破底），就容易形成「**真跌破**」的技術面走勢，因此跌破該筆棒線高點H2即為壓力，若未被多頭克服，股價將會向下滿足測量的合理目標區。

圖2-13　多頭陷阱與真跌破（資料來源：奇狐勝券）

　　請看《圖2-14》。友達股價在2004年6月時股價為向下修正的走勢，我們利用正反轉低點取出重要的水平頸線做為盤底是否有效的觀察，圖中標示L1的水平頸線沒有畫在最低點，而是切過兩條下影線的目的是為了增加其效度，切過正反轉的最低點當然也無妨，因為根據實務操作經驗可以得知，並不會造成研判誤差。

　　當出現標示A的黑K線跌破標示L1的頸線時，同時取出標示A的K線高點H1為真假跌破的觀察點，結果出現標示B的棒線以收盤站上H1的高點，宣告這筆跌破是屬於假跌破。在此同時，取出標示B的K線低點L2為確認觀察點，從圖中觀察，標示L2的低點又被跌破了，代表這筆K線的攻擊又宣告失效。此時股價若沒有再度盤底上攻，反而再破底時，則以空方優勢視之。因此出現標示C的黑K線跌破標示L3的水平頸線時，修正的暗示將會取代是否還要研判真假突破的決定。

　　在實際操作的運用過程中，短線上類似這樣反覆騙線的情形，出現的機率頗高，請投資人掌握這樣的推演邏輯，並配合原始趨勢進行定位，被走勢圖欺瞞或是洗盤的機會將會大為減低。

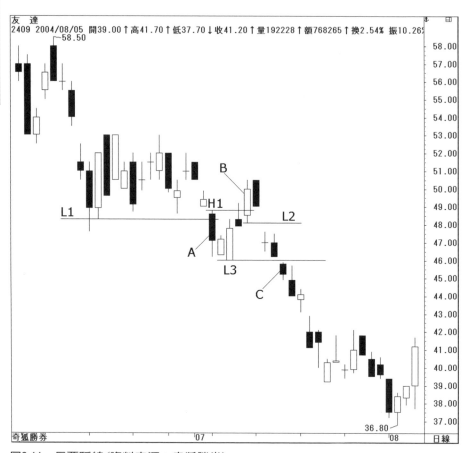

圖2-14 反覆騙線（資料來源：奇狐勝券）

請看《圖2-15》。環科股價在空頭的走勢中，出現了一個類似盤底的走勢，其中標示L1的位置被稱為**第一隻腳**，當股價突破標示H1的頸線時，以真假突破決定底部是否真的成立，研判的重點自然就落在突破頸線的那筆K線低點，同時也是操作者的作多停損點，即圖中標示L2的位置。

當股價突破頸線之後，我們不看突破多少百分比，也不看是否站在頸線上多少天，只要標示L2的低點被跌破，就是假突破，同時定位底部沒有成型，此即為多頭陷阱之一。

在發現底部型態失敗的同時，應該於後續走勢逢反彈退出，退出的方法則參考《股價波動原理與箱型理論》(大益出版)書中，關於〈出場點的運用〉這個單元。

圖2-15 多頭陷阱與停損（資料來源：奇狐勝券）

# 支撐壓力的轉換

在支撐與壓力線的運用上，有所謂的「**支撐壓力交換律**」，也就是當壓力被突破後，該趨勢線將轉換成支撐；同理，當支撐被跌破之後，該趨勢線將轉換成壓力。在這種交換律的運用上，只單純思考趨勢線的支撐與壓力的變化，而不考慮K線高低點的壓力與支撐的意義。

請看《圖2-16》的左圖，當股價上漲時取其谷底畫出一條上升趨勢線，在上升趨勢線被跌破後，根據股價的慣性，有機會反彈回測原始的上升趨勢線。請注意：**原始的上升趨勢線本來代表的是支撐，但在被跌破後將轉變成為壓力，同時「有機會」反彈回測，不代表一定會回測**。而股價慣性反彈的極限通常被定位在該條趨勢線，亦即在反彈觸及後，應該規劃走勢容易進入止漲，除非再針對該趨勢線呈現「真突破」訊號。《圖2-16》右圖是相同道理，請反過來使用即可。

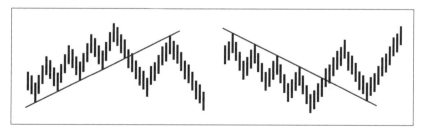

圖2-16　趨勢線跌破與突破後的回測行為

請看《圖2-17》。當股價跌破上升趨勢線後，股價進行慣性的反彈回測，但屢次觸及該趨勢線後股價均隨即壓回，那麼這條趨勢線就被稱為「**中心趨勢線**」，這條趨勢線的用意在於：

(1)如果股價針對該趨勢線呈現真突破，理應出現強勢的多頭行情。

(2)如果無法呈現真突破，又結束慣性反彈走勢，則容易出現主跌段。

空方走勢的研判只要將上述原則倒過來運用即可。其缺點是這樣的波動不容易出現在實際走勢中。

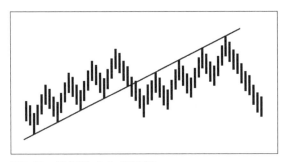

圖2-17　股價的中心趨勢線

請看《圖2-18》，圖中描述的是多頭支撐區形成的情形。當股價經過盤整震盪後先呈現「真突破」的訊號，接著進行「回測」的動作，測試支撐結束後再進行多頭攻擊走勢，那麼該支撐區將被定位成「**主力逢低進貨區**」，屬於未來股價上漲結束後，進行波段回檔時的重要觀察區域。

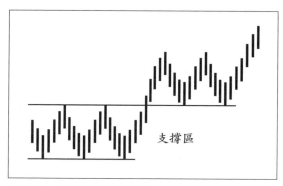

圖2-18　多頭支撐區的形成

　　請看《圖2-19》，圖中描述的是空頭壓力區形成的情形。當股價經過盤整震盪後先呈現「真跌破」的訊號，接著進行「回測」的動作，測試壓力結束後再進行空頭攻擊走勢，那麼該壓力區將被定位成「**主力逢高出貨區**」，屬於未來股價下跌結束後，進行波段反彈時的重要觀察區域。

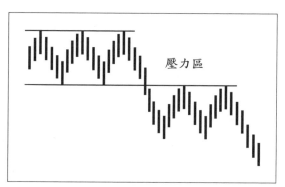

圖2-19　空頭壓力區的形成

請看《圖2-20》，圖中描述的是空頭密集交易區形成的情形。當股價經過盤整震盪後呈現「真跌破」的訊號，但是沒有進行「回測」的動作，股價便直接出現暴跌的走勢，那麼該壓力區將被定位成「**主力最後出貨區**」或是「**多頭反彈逃命區**」，屬於未來股價下跌結束後，進行波段反彈時的重要觀察區域。

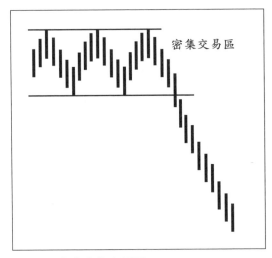

圖2-20　空方密集交易區

請看《圖2-21》，圖中描述的是多頭密集交易區形成的情形。當股價經過盤整震盪後呈現「真突破」的訊號，但是沒有進行「回測」的動作，股價便直接出現暴漲的走勢，那麼該支撐區將被定位成「**主力最後進貨區**」或是「**空頭回檔逃命區**」，屬於未來股價上漲結束後，進行波段回檔時的重要觀察區域。

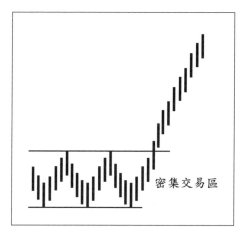

圖2-21　多方密集交易區

　　請看《圖2-22》，這張圖是《圖2-18》與《圖2-21》的延伸說明，意思是股價先經過盤整震盪後先呈現「真突破」的訊號，讓第一個盤整區間形成「主力逢低進貨區」，接著進行「回測」的動作，回測過程中又再度出現另一個盤整震盪區域，接著再出現多頭攻擊訊號為主攻段，那麼完成回測動作但未將第一個支撐區間破壞的第二個整理區間，便是所謂的「**主力最後進貨區**」或是「**空頭回檔逃命區**」。

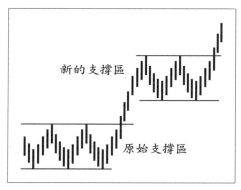

圖2-22　支撐區的移動

至於《圖2-23》與《圖2-22》的差異，是在於《圖2-22》新的支撐區與原始支撐區之間的距離差距較為明顯，代表多頭企圖心較為強烈，同時也代表操作風險較高，是屬於積極操作者的天堂，而在《圖2-23》中，新的支撐區與原始支撐區之間的距離差距較為貼近，雖然呈現的是多頭走勢較弱，但是相對的風險也較低。

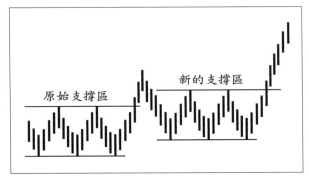

圖2-23　支撐區的移動

在進行選股時，選擇《圖2-22》或《圖2-23》進行操作並沒有對錯之分，只有策略上的不同以及對應的心態不同，積極者追逐高風險高報酬，保守者尋找低風險較安全的線圖。無論是哪一種選擇，只要能夠從中獲利，就是成功的交易。空方走勢圖的研判，請投資人自行同理運用。

## ～ 實例說明 ～

請看《圖2-24》。在勤益股價的週線圖上，取出一條標示L的上升趨勢線，在股價創下當時63元的高點後回檔修正，於標示A摜破上升趨勢線，此時以「中心趨勢線」的研判法則而言，該趨勢線已經從支撐轉變成為壓力，未來股價如果出現反彈，撞擊到該趨勢線時將定位成「**反彈逢壓**」。

結果股價反彈到標示B時，撞到原趨勢線，便無力上攻，使股價止漲並壓回修正，修正告一段落後再以中長紅站回原趨勢線（即標示C），同時也突破標示H1、H2的負反轉高點，在當時便可以這麼研判：如果走勢對H1、H2兩個壓力所形成的頸線產生真突破，那麼再站回去原始趨勢線的情形下，股價走勢將有機會恢復原始的上升趨勢。因此投資人應該取當時突破K線的低點L1為真假突破的觀察點，事實上，後續走勢宣告為假突破，故對於標示H1、H2高點只是反應「解套」的行為，**站回去趨勢線也屬於是騙線的行為之一。**

再根據中心趨勢線研判法則推論，跌破趨勢線後股價出現慣性的反彈是正常情形，也就是圖中標示B的位置，當反彈走勢無法讓股價恢復原本的多頭走勢，代表在反彈結束之後將容易出現主跌段，事實上，該股從63元的高點，崩跌到4.95元才宣告結束。

主控戰略型態學

圖2-24　中心趨勢線的研判（資料來源：奇狐勝券）

　　請看《圖2-25》。大洋股價的週線圖先盤出一個頭部的型態，並在標示A的位置跌破，此時宣告頭部成為壓力，如果股價出現反彈並測試頭部壓力，將被視為正常的股價波動。

　　圖中標示B、C的位置，便是屬於測試壓力的行為，而這一整個整理區間，如果蓄積了足夠的多頭力道並使股價再度上攻，那麼這個區域將會成為多頭的支撐，萬一測試壓力結束後再度出現空頭攻擊走勢。就像圖中標示D是確認訊號，那麼這個區間便形成另外一次的套牢，同時會被定位成「主力逢高出貨區」，屬於未來股價下跌結束後，進行波段反彈時的重要觀察區域。

圖2-25　壓力區間的移動與研判（資料來源：奇狐勝券）

請看《圖2-26》。台榮股價的週線圖從3.92元的低點開始，如圖中標示A的位置，經過一段時間的震盪整理後，發動一波漲勢，當漲勢結束股價回測到此區間，便容易出現支撐的力道，所以當股價回到標示B時，便要注意支撐是否成立。

同時要觀察有沒有出現底部或是多頭再度攻擊訊號，上述訊號如果沒有出現，請注意！支持不一定會成功，就算訊號出現也有可能反彈結束後再跌破支撐，因此在研判股價波動時，必須以實際走勢進行推演，而非主觀認定走勢就是該如何進行。

當股價從標示B開始上漲，進入止漲並在標示C的位置出現另一個整理區間，如果這個區間被跌破，那麼代表股價還要測試標示A的支撐，甚至有跌破的可能。如此標示C的位置將成為一個新的壓力區間；如果針對標示C的區間真突破，那麼就代表標示A的支撐未來仍然存在，且標示C將成為另一個支撐區間。

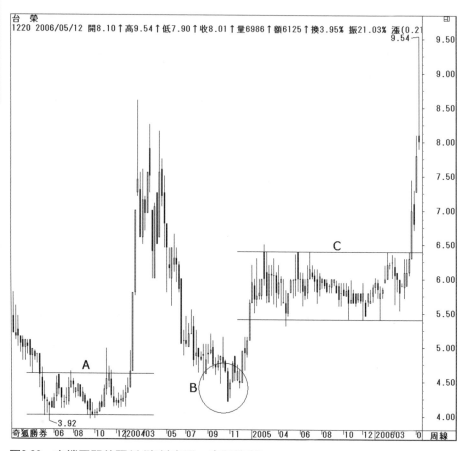

圖2-26　支撐區間的研判（資料來源：奇狐勝券）

# 趨勢三條線

　　所謂趨勢三條線是根據股價中期走勢波動所形成的**波峰或波谷**決定其上升趨勢線與下降趨勢線，並根據盤底、緩漲、急漲或盤頭、緩跌、急跌的走勢進行股價波動的規劃。

　　在繪製趨勢三條線時，若當時觀察的背景定位是可能進行多頭走勢，便從當時最低點開始，**注意四個波谷的位置**，請參閱《圖2-27》，第一個波谷是當時的最低點，第二個波谷是第一段上漲（或是反彈）結束後回檔的最低點，此低點必須比第一個波谷還要高，連接這兩個波谷所形成的上升趨勢線，稱為「**基本趨勢線**」（Base Trendline），又稱為**原始上升趨勢線**。該趨勢線角度較為平緩，若股價波動維持此趨勢線不破，同時又讓股價突破前一波高點，投資人便可以假設底部訊號浮現，未來走勢極有可能進入多頭波動。

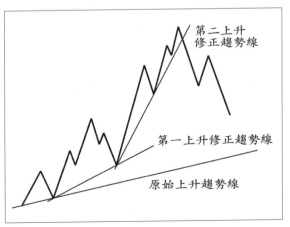

第二上升
修正趨勢線

第一上升修正趨勢線

原始上升趨勢線

圖2-27　上升趨勢三條線

　　若以波浪理論的角度進行探討，假設未來出現的是多頭走勢，原始上升趨勢線便是波段低點與第二波低點所連接而成。既然如此，股價未來應該會出現明顯的上漲走勢，使得股價遠離原始上升趨勢線，造成正乖離擴大的現象，導致回檔。

　　而在多頭走勢中，回檔的低點往往不容易再測試原始上升趨勢線，故當時谷底應該在原始上升趨勢線之上，此時就必須針對新成立的谷底，另外取一條上升趨勢線觀察。

　　所以利用第二個谷底與上漲後回檔的第三個谷底連接而成的上升趨勢線，便稱為「**第一上升修正趨勢線**」，這一線的角度會比第一條陡峭，同時這條趨勢線也代表股價波動主要走勢的支撐，故又稱為「**主趨勢線**」（Primary Trend-line），沒有跌破主要趨勢線以前，代表股價波動仍有機會再創新高。

　　當股價再度創高後，如果形成更陡峭的上漲角度，代表當時多頭的行情較為熱烈，亦即股價遠離第一上升修正趨勢線，故趨勢線需要再度進行修正。而利用第三個谷底與上漲後回檔的第四個谷底連接而成的上升趨勢線，便稱為「**第二上升修正趨勢線**」，這一線的角度應該是最為陡峭的，亦稱為「**次要趨勢線**」（Second Trendline）。當股價跌破第二上升修正趨勢線時，往往代表多頭走勢即將結束或是已經結束，並有機會測試第一上升修正趨勢線。

　　《圖2-28》是下降趨勢三條線的圖例，線條的畫法與其意義只要將多頭走勢中的研判倒過來運用即可。

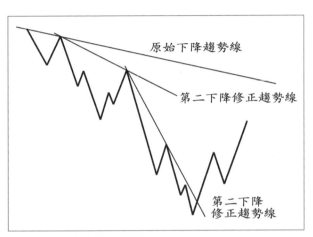

　　原始下降趨勢線

　　第二下降修正趨勢線

　　第二下降
修正趨勢線

圖2-28　　下降趨勢三條線

## ～ 實例說明 ～

　　請看《圖2-29》。宏遠股價的月線圖，從1995年8月開始反彈，先利用兩個明顯的谷底取出標示L的原始上升趨勢線，同時利用其他谷底取出標示L1的第一上升修正趨勢線，與標示L2的第二上升修正趨勢線。當股價從49.8元向下修正並於標示A測試L2的趨勢線時，股價反彈若未創高，則應當心股價再度測試趨勢線時，就比較容易跌破趨勢線。

　　當標示L2的趨勢線被跌破時，代表多頭走勢即將結束或是已經結束，並有機會測試標示L1的第一上升趨勢修正線，從線圖中發現L2、L1的趨勢線被接連著跌破，暗示股價空頭的力道較強，那麼在標示B出現的反彈，套用中心趨勢線的

研判法則，這裡將是相對安全的逢高融券賣出點。

　　而原始上升趨勢線的角度較為平緩，同時也不容易被跌破，萬一被跌破則強烈暗示主趨勢已經被改變，未來股價出現的上漲都視為反彈或逃命，因此圖中標示C代表的是另外一次多頭的逃命走勢。

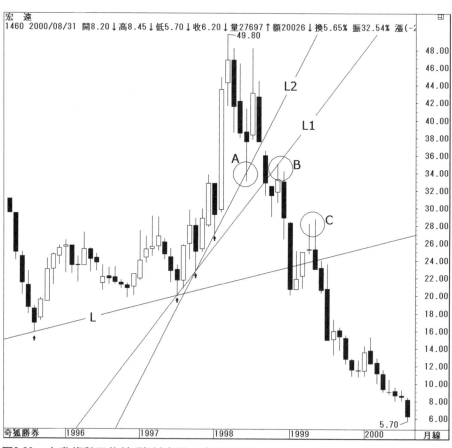

圖2-29　上升趨勢三條線（資料來源：奇狐勝券）

　　請看《圖2-30》。台達電股價的月線圖從235元的高點向下修正，當股價修正告一段落，同時開始出現上漲的走勢時，除了從谷底畫出趨勢線觀察之外，同時也可以從歷史走勢圖中，取負反轉的高點畫出不同的下降趨勢線。因為股價修正已經結束，成為既定的事實，那麼畫出的壓力線便很容易合理化，亦即未來參考的程度會相對較高。

　　圖中分別利用下降趨勢三條線的取線原則，分別取出原始下降趨勢線L、第一下降修正趨勢線L1與第二下降修正趨勢線L2，當股價突破第二下降修正趨勢線後，正常會出現回測的走勢，圖中標示A即是如此，此時我們可以根據走勢圖不再跌破趨勢線或是股價沒有創新低，判定股價進入所謂的「**擴底行情**」，同時多頭的原始上升趨勢線會在此時成立。

　　當股價進行擴底過程中，在標示B突破標示L1的第一下降修正趨勢線，暗示擴底有機會結束或是進入更高一個層級的上漲走勢，而在圖中標示C的位置突破原始下降趨勢線之後，暗示空頭力道已經消失，亦即長線多頭力道已經確定強過長線空頭力道，問題是：我們難道必須等到此時才進行多方操作？試想：突破長線壓力後，對應的通常便是長線修正，應該等待修正結束才介入，而先知先覺者則應該在擴底有機會結束時，適時切入進行多方操作。

圖2-30　下降趨勢三條線（資料來源：奇狐勝券）

# 扇形三條線

所謂的扇形三條線，是指利用同一個支點，針對不同的反彈高點或是回檔低點，所畫出來的參考趨勢線，因為通常僅畫三條線研判，其形狀又如同一把微微張開的扇子，故取其形為其名。

若以空頭市場末期為例，請看《圖2-31》所示，當股價突破經由標示A、B點的下降趨勢線以後，便可以定位當時走勢可能是反彈也可能是初升段。如果只是反彈波動，未來股價應該會再創下新低點；如果是初升段，在中長期下跌之後，股價亦很少直接強勢上漲，通常會經歷反覆打底（或是擴底）的過程，消化空頭賣壓並使籌碼沉澱。

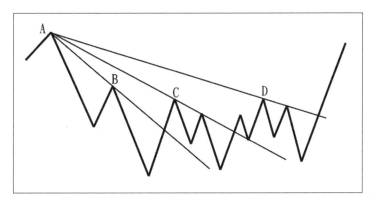

圖2-31　由空翻多的扇形三條線

　　這種反覆打底的過程，在短期高點出現後（如圖中標示C、D），回檔的幅度會比較深一點，往往超過前一波上漲幅度的二分之一或是三分之二，但又不至於破底創新低，因此便可以利用扇形原理，以A為支點，取出A～C、A～D的連線，此時將會出現三條下降趨勢線，就是所謂的扇形。

　　當突破第三條下降趨勢線之後，意味著**股價將進行翻空為多之後的多頭攻擊走勢**，因此我們可以嘗試積極進場作多，同時研判是否會出現主升段的行情。如果沒有出現，則請進行逆向思考，因為有可能是型態騙線，或是擴底走勢尚未完成。請注意！根據股價波動的慣性觀察，**扇形三條線有一個明顯的特色，亦即趨勢線之間的夾角會約略相等**，這是協助我們取線是否恰當的輔助觀察法。熟悉實戰技巧者，可以將這種趨勢線畫法與推浪、潮汐、擴底等觀念加以整合運用。

　　《圖2-32》是由多翻空的扇形三條線圖例，線條的畫法與其意義只要將《圖2-31》中的說明與研判倒過來運用即可。

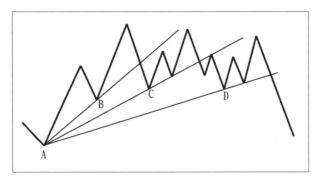

圖2-32　　由多翻空的扇形三條線

## ∽ 實例說明 ∾

請看《圖2-33》。日月光的股價從39.8元開始向下修正，部分原因是由於滿足中、短線2.618倍的黃金螺旋目標，而部分原因則是跌破這個段落的趨勢線，即標示L1這條。當股價破線後反彈無法再度創高，即暗示進入盤頭或是修正走勢，此時在走勢的變化上，並不一定會出現心中所想要的訊號，也不一定會符合哪種趨勢線的畫法，換言之，我們在操作時，必須以走勢圖所透露出的訊號為研判。

當股價跌破趨勢線反彈且未創高時，可以從第一條趨勢線的最低切點，即標示O的位置，連接反彈開始的谷底畫出第二條趨勢線L2，當股價跌破第二條趨勢線後又出現反彈，再用同樣方法取出第三條趨勢線L3，請注意這條趨勢線連接谷底後所形成的角度，要與前兩條所形成的角度接近，如此一來，可靠程度才會提高。

在圖中，我們可以看見標示L1、L2與L3這三條趨勢線，都是經過O點所繪製而成，而且所夾角度也相當接近，因此在跌破L3這條趨勢線後，會出現走勢較為明顯的修正才是正常的表現，而股價也從39.8修正到20.5才暫時告一個段落。

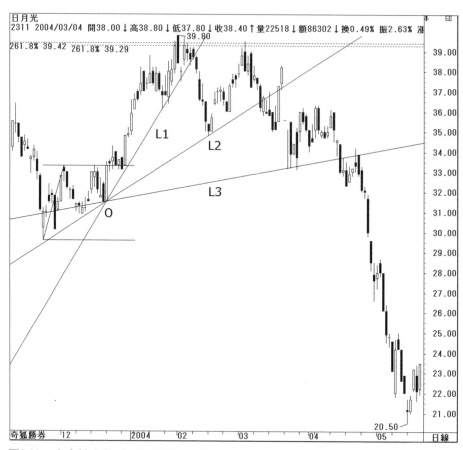

圖2-33　由多轉空的扇形三條線（資料來源：奇狐勝券）

　　相同的觀念可以運用在多頭使用，請看《圖2-34》。光磊股價的月線圖在修正到4.21元的低點之後，先利用股價走勢中兩個明顯的高點，取出針對該段落恰當的下降趨勢線L1，再根據走勢中所形成的負反轉高點，分別取出L2和L3的下降趨勢線，從圖中可以清楚看出，三條趨勢線所夾的角度相當接近，所以可靠度增加。

　　同時，在突破下降趨勢線後雖然股價呈現壓回走勢，但每次都可以保持真突破訊號，因此是屬於多頭積極的上攻線型，而且這樣的股價推動被稱為「**底部紮實**」，暗示未來股價上攻將會滿足對應的標準幅度。

主控戰略型態學

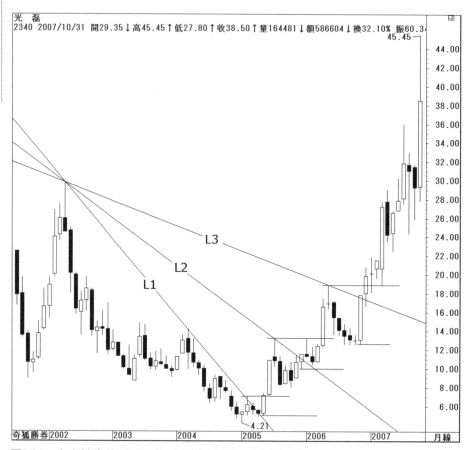

圖2-34　由空轉多的扇形三條線（資料來源：奇狐勝券）

# 解消點

解消點原稱為「**三角測量**」，是日本技術分析學者牧野盛藏所發表，據說是從中國太極圖形的陰陽兩儀所啟發，利用三角板與量角器決定能量變化的消失點，故台灣技術分析的愛好者稱其為「**解消點**」。

根據筆者的實證，利用解消點推測行情走勢並不如預期中的可靠，由於該法流傳度不高，所以增添了相當的神秘感。其運用上最大的缺點是線圖的取得不方便，因為要利用到兩條趨勢線取得空間與時間的交會點，首先必須面臨的便是使用對數座標或是算數座標的問題，接著是電腦線圖會隨著畫面放大縮小而改變K線高矮胖瘦的比例，既然空間產生變化，又如何能讓兩條著重於角度的畫線能夠正確？

假使自己動手繪製線圖，又牽涉到畫圖比例的問題，試問：低價股的價差1元與高價股的價差10元要在方格紙上取幾格？時間要取幾格？我們又如何能得知一開始所決定的比例是最佳化，萬一需要調整，那麼線圖豈不是要重畫？種種難題並不容易解決，就算線圖可以順利解決，實際操作上的可靠度仍需要加以驗證，相同的困難也會發生在甘氏角度線上，因此在這個單元中（包含實例的說明），著重於讓投資人知道該方法的原理，並不希望投資人在實際操作中使用，故投資人可以略過這部分的描述，逕行下一個單元的閱讀。

　　請看《圖2-35》。假設股價走勢如同陰陽的變化，從標示B的低價區開始上漲，到標示D、A、C再回到B，形成一個完整的循環，其中股價最低到最高的分界便稱為「**陰陽中心線**」。當然，股價走勢圖不可能如圖例這麼單純，必然是經過扭曲與擠壓的變形，陰陽中心線也不可能是一條垂直線，但無論如何受到擠壓而變形，BAC將維持一個三角形走勢。

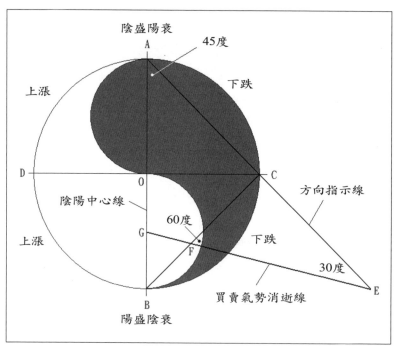

圖2-35　解消點的原理圖示

　　又原始線圖中△BAC屬於等腰三角形，底角為45°（二分之一），正是上升和下跌趨勢的主要參考角度，從其中一邊延伸出來的便為方向指示線，再從陰陽中心線上的某一個點

再延伸出與方向指示線呈30°夾角（三分之一），便為買賣氣
勢消逝線。

如何將解消點的原理運用在實際股價走勢上？請參考
《圖2-36》。若是利用多頭走勢推測修正走勢的可能結束
點，則先從股價的止漲點（左圖中標示A）與起漲點（左圖中標
示B）取出陰陽中心線，接著從多頭止漲點畫出一條與陰陽中
心線呈現45度夾角的方向指示線，再分別定位從陰陽中心線
上所對應到的參考點（左圖中標示B或C），畫一條買賣氣勢
消逝線通過該參考點，並同時與方向指示線形成30度夾角，
其交點便為解消點（左圖中標示E或F）。

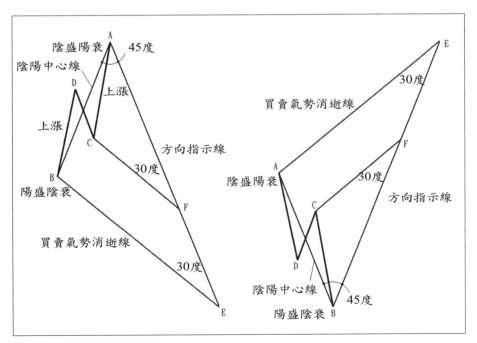

圖2-36　解消點的畫法運用

解消點同時具備了時間與空間的含義，亦即該點可以指出最合理的價格與時間的落點，研判的原則是用較少的時間就穿越價格，代表的是當時趨勢的力道較強，其他研判法則以此類推。

## ❧ 實例說明 ❧

在瀏覽這些範例的說明以前，仍要再度提醒投資人，這些圖例只是方便說明這個方法的運用，比例上並沒有經過調校，因此在實際運用時除了要非常謹慎外，同時也要建議投資人暫時不要在實際操作過程中運用這個方法。

請看《圖2-37》。加權指數的股價從3098.33點開始第一段上漲結束之後，壓回修正並未創下新低點，當股價再度上漲時，便可以利用標示P的這段取出解消點，從端點所落的位置畫出一條標示A的水平線，便是未來股價上漲目標的參考點；運用相同的方法，利用標示Q的這段取出解消點，從端點所落的位置畫出一條標示B的水平線，便是未來股價上漲目標的參考點。

圖2-37 利用解消點預估上漲的目標（資料來源：奇狐勝券）

請看《圖2-38》。精英的股價從74.5元的高點開始第一段
下跌結束之後，反彈修正並未創下新高點，當股價再度下跌
時，便可以利用標示P的這段取出解消點，從端點所落的位
置畫出一條標示A的水平線，便是未來股價下跌目標的參考
點；運用相同方法，利用標示Q的這段取出解消點，從端點
所落的位置畫出條標示B的水平線，便是未來股價下跌目標
的參考點。

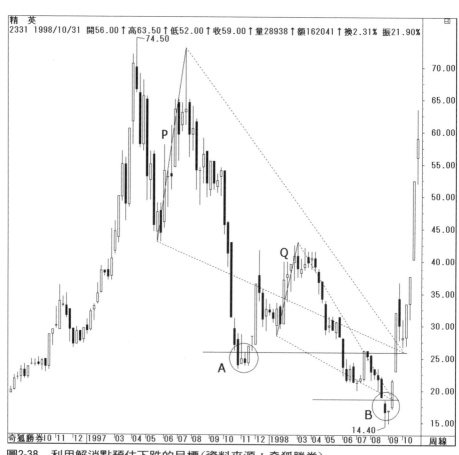

圖2-38　利用解消點預估下跌的目標（資料來源：奇狐勝券）

# 速阻線

速阻線（Speed Resistance），又稱速度阻擋線，是由埃德森・古爾德所創立的一種畫線分析工具。其畫法請參考《圖2-39》，當某一個波段的上漲或是下跌走勢告一段落之後，先利用該走勢的最高和最低點取出一條原始中心線，如圖中所示為上漲結構，故稱為**原始上升中心線**。

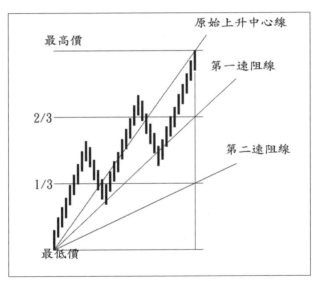

圖2-39　多頭走勢的速阻線畫法

接著從最高價畫一條垂直線，到最低價的水平延伸線為止，同時將這條垂直線（即最高價和最低價之間的價差）切割成三等分，再從最低價連接三分之二的位置形成第一速阻線，從最低價連接三分之一的位置成為第二速阻線。**這兩條**

**線分別具有壓力與支撐的用法**，當股價還沒有跌破第一速阻線時，股價仍有機會創高，在股價創高之後，線條必須重取，如果股價走勢跌破第一速阻線，則視為確定進入針對上一波漲勢的修正，此時速阻線成為壓力。

假設沒有跌破第二速阻線以前，股價可以發動另一個波段攻擊，同時被視為同一個層級內。萬一第二速阻線被跌破，股價必須經過一段整理修正，才會再發動另一個層級的漲勢，同時在此時必須取出空頭走勢中，參考使用的速阻線。雖然在跌破多方第一速阻線後就可以取空方趨勢的速阻線，但並非絕對必要，這是與多方第二速阻線被跌破之後的最大不同之處。

在繪製速阻線時，除了可以將垂直距離利用三分法切割之外，也可以使用黃金分割率進行切割，在大格局輪廓的研判上，差異並不會很大。

## ❧ 實例說明 ❧

請看《圖2-40》。菱生股價的週線圖從6.8元上漲到26.8元後暫告一段落，當股價開始出現回檔修正時，如果要利用速阻線進行支撐的觀察，那麼就要連接6.8～26.8為原始上升中心線，並針對這個區間切割出三等分的水平頸線，同時從26.8元的那筆K線高點取垂直線與其產生交點，連接這些交點到最低點所形成的兩條速阻線，就是未來走勢的支撐參考。

在圖中，標示A跌破第一條速阻線後，依然要運用真假跌破進行觀察，跌破速阻線的該筆K線高點就是多方壓力，沒有呈現假跌破訊號以前，代表股價將持續向下修正。同樣的方法觀察標示B，亦呈現跌破第二條速阻線而且是真跌破訊號。當跌破第二條速阻線之後，代表未來股價想要再創26.8元的高點，必須針對空方的速阻線進行突破。

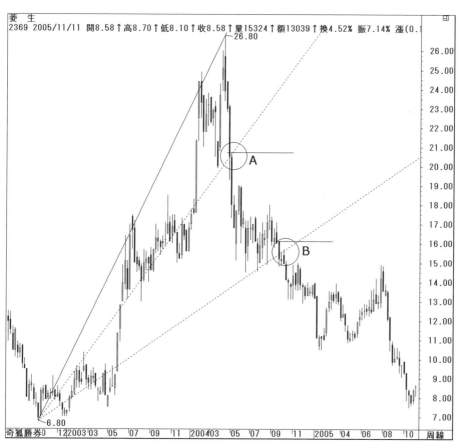

圖2-40　多頭走勢的速阻線(資料來源：奇狐勝券)

　　請看《圖2-41》。在正崴股價的週線圖中，當時最後一段下跌走勢有可能在40.6元結束，因此利用速阻線的畫法取出第一、第二速阻線進行觀察，在標示A、B的位置出現突破速阻線的走勢，代表多頭行情已經轉強，而在標示C呈現突破水平關卡的走勢，代表的是空頭壓力被化解後多頭的再度攻擊，那麼其走勢便是暗示未來有機會將取出這段速阻線的最高點給突破。

圖2-41　空頭走勢的速阻線（資料來源：奇狐勝券）

# 軌道的轉換

　　所謂軌道線是由趨勢線所變化出來，亦即在上漲走勢中，如果先利用谷底決定上升趨勢線（此為支撐），再取出平行線切過股價波動的上緣（此為壓力），那麼這兩條線合稱「**上升軌道**」；在下跌走勢中，如果先利用峰頂決定下降趨勢線（此為壓力），再取出平行線切過股價波動的下緣（此為支撐），那麼這兩條線合稱「**下降軌道**」。

　　在一個理想的股價波動過程中，股價應該維持在特定軌道內前進，無論當時軌道是往右上方還是往右下方傾斜，積極型的投資人都可以在軌道中以「**低買高賣**」的動作進行操作，直到軌道線型被破壞為止。

　　可以這樣操作的原因在於**軌道線具有支撐與壓力的特性**，通常接近或是穿越軌道線的上緣，容易產生調節賣壓，屬於壓力參考；接近或是穿越軌道線的下緣，容易產生低接買盤，屬於支撐參考。因此在尚未破壞軌道走勢以前，可以利用軌道線的觀念，進行下一個落點的預估。

　　除了以軌道線預估落點之外，也可以根據數學觀念計算推演實際的參考數據，常用的方法有**加減計算**與**比例計算**。加減法是利用近期兩個鄰近的轉折高低點，與前一波谷底，如《圖2-42》中所標示的B、C、A，即可以推算出標示D的數據，公式如下：

$$D = B + C - A$$

比例法公式為：

$$D = B \times C \div A$$

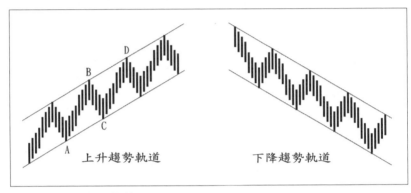

圖2-42 股價波動的軌道

　　若股價原本沿著平緩的上升軌道前進時，忽然突破軌道線的上緣，代表當時多方的買盤力道強勁，股價將有機會轉換波動的軌道，進入一個角度較陡的軌道線，如《圖2-43》所示。然而軌道線在實際運用上，股價並不會很標準的觸及軌道線上緣或是下緣。如果在上漲過程，股價碰觸軌道線上緣被壓回是正常情形，那麼上漲時無法碰觸到軌道線的上緣，就可以定位成多頭相對弱勢。相反的，在空頭趨勢也可以將這樣的觀念套用。

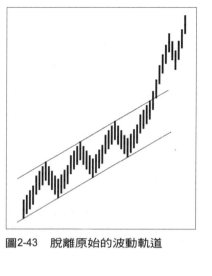

圖2-43　脫離原始的波動軌道

　　如果我們利用軌道線觀察股價上漲與下跌的循環過程，將會發現整個循環是由不同角度的軌道所串聯起來，請看《圖2-44》，代表股價波動時軌道轉換的基本模型。當股價下跌一段時間後，正常會讓波動逐漸走平，接著出現突破走勢，讓股價進入緩漲的軌道內，再從緩漲的軌道轉換成急漲的軌道，而在買進力道消逝後，股價再進入緩漲並接著走平，隨即進入下一個循環。

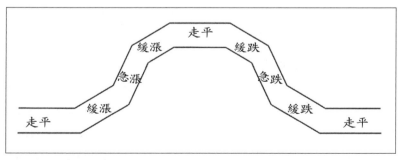

圖2-44　軌道的轉換

因此我們可以觀察當時軌道的角度，決定趨勢強弱程度，同時以真假突破或真假跌破研判軌道是否出現轉換。

## ❧ 實例說明 ❧

請看《圖2-45》，因為取軌道線時至少要先在線圖上找到三個點，在祥裕電股價的週線圖中，即為標示A、B、C這三個。在股價修正走勢的末端，先連接標示A、B的切線，再取經過標示C點，並與AB連線互相平行的直線，這就是當時可供參考的軌道線，利用該軌道線可以推論未來股價可能的落點，或是利用加減計算、比例計算的公式，預估未來可能滿足的價位。

當股價從標示B向下修正，在標示D的股價正好接近軌道線下緣，接著出現反彈，故屬於正常的走勢波動。而從標示D開始的反彈，並沒有碰觸到軌道線上緣，代表多頭反彈氣勢較弱，致使股價未能出現再度觸及軌道線上緣的標準反彈，既然如此，當股價結束反彈之後的下跌，以當時為空頭趨勢的背景，理應使股價跌破軌道線的下緣才對，但是實際走勢並非如此，股價向下修正的低點雖然比標示D的低點還要低，但卻形成標示E的槌子線，並出現止跌反彈的訊號。

我們可以這樣思考，既然多頭在弱勢且原始趨勢是空頭的背景下，破底之後竟然無法碰觸軌道線下緣，代表空頭沒有攻擊的意圖，那麼這種多頭弱勢的表現便顯得頗耐人尋味，也就是說，在有利於空頭發揮時，空頭不願意表態殺盤，代表的就是有利於多頭反攻。所以在標示F是利用跳空

模式穿越連接A、B的趨勢線，同時也針對最後一段下跌的
負反轉壓力進行突破，如果以型態推論〈請見〈整理型態〉
的說明），股價將有機會進行反轉走勢。

圖2-45　下降趨勢軌道線（資料來源：奇狐勝券）

　　請看《圖2-46》。加權股價指數的週線圖從5943.75點開始，如圖標示X這段，沿著一個上升軌道向上波動，當時股價的走勢圖，是發生在疑為某個層級的初升段結束，並呈現修正走勢之後的緩步上漲，當股價在標示A，以明顯的中長紅突破軌道線上緣時，暗示該筆如果呈現真突破訊號，那麼股價將進入另一階段上漲，同時也宣告上漲的軌道即將改變。在標示A之前，軌道線上緣為股價止漲的參考，但在呈現真突破之後，這條軌道線將會轉變成為支撐的參考，這是中心趨勢線的觀念運用，在圖中標示B的股價行為表現正是代表這種技術意義。

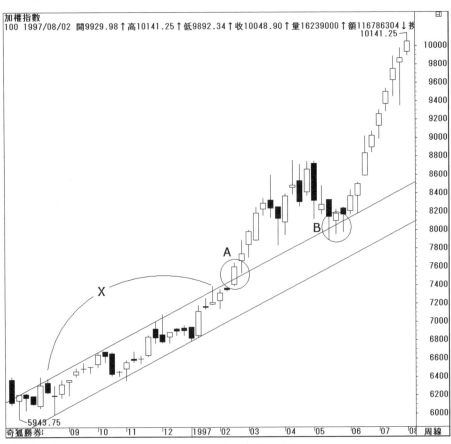

圖2-46　上升軌道與軌道的突破（資料來源：奇狐勝券）

　　請看《圖2-47》。加權指數股價在主要趨勢是空頭市場時，出現一個次級趨勢的反彈波動，當我們利用兩個谷底畫出標示L的上升趨勢線後，再經過標示A的K線高點，畫一條與標示L平行的軌道線，同時標註為L1。請注意！圖中所示的軌道線是經過修正後的呈現，不是一開始最原始畫出來的軌道線。

　　當股價在標示B出現止漲，因為沒有碰觸到標示L1的軌道線，代表多頭較弱，同時暗示壓回修正時將很容易測試或是跌破標示L的上升趨勢線，結果在測試上升趨勢線後出現強勁反彈，也就是股價還在次級趨勢的反彈波動中，又因為當時的波動幅度相對的較大，在實際操作上可以畫出輔助觀察用的平行軌道，所取的參考價位便是上波多頭上攻失敗的止漲點，即標示B之處。

　　在經過標示B的位置，畫出一條與標示L平行的輔助觀察軌道線L2後，發現股價維持反彈弱勢的慣性，撞及輔助軌道線L2，並在標示D出現止漲並壓回，沒有挑戰標示L1的軌道。而實務上既然可以用止漲點取出軌道線觀察壓力，自然也可以利用止跌點，取出輔助用的上升趨勢線觀察支撐，經過標示C的止跌點所畫出的L3，就是基於這樣的運用產生，從走勢圖中可以看見，在標示E跌破L3的輔助上升趨勢線後，股價持續修正並摜破原始標示L的上升趨勢線，至此宣告次級的反彈波動結束，股價走勢又回到原來的主要趨勢之中。

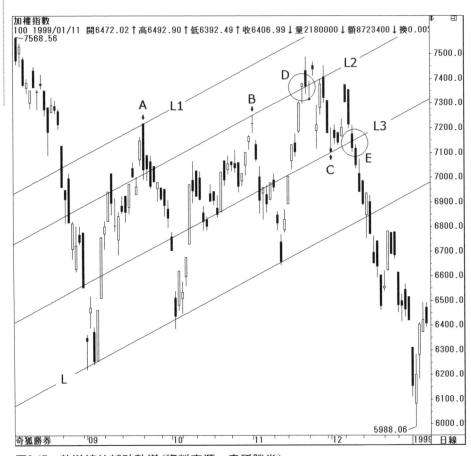

圖2-47　軌道線的輔助軌道（資料來源：奇狐勝券）

# 缺　口

缺口在實際操作程中分成三類：分別是實體缺口、完全缺口與虛擬缺口。**實體缺口**是忽略上下影線，以實體觀察有沒有缺口的存在，通常運用在酒田K線型態的研判上；**完全缺口**必須考慮到上下影線觀察，這種缺口在特別的位置具有測量的意義；而完全缺口又區分成普通、突破、逃逸、連續和竭盡缺口；**虛擬缺口**又稱美式操盤法，與美國無關，是因為該缺口源自於美國線的研判，實際操作中的進出與關鍵點，有部分與虛擬缺口有關。

本單元的討論著重在完全缺口，在《圖2-48》中所呈現的是完全缺口和實體缺口之間的差異，在研判完全缺口與實體缺口時，與K線的紅黑無關，這點請特別注意。此外，在研判缺口時最常出現的誤謬是：缺口終需被填補。甚至有人說要填補缺口才會讓整個走勢「紮實」，這樣錯誤的觀念實在是不知所云，因為缺口是當時走勢最強烈的表態，被填補後代表氣勢減弱，怎麼會對原始趨勢是一件好事呢？

接著我們將討論完全缺口中，關於普通、突破、逃逸、連續和竭盡缺口的定義與其研判、使用的方法。

主
控
戰
略
型
態
學

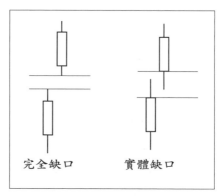

圖2-48　完全缺口與實體缺口

## 普通缺口

　　所謂的普通缺口（Common Gaps）是指不在關鍵位置上發生的缺口。這類的缺口僅代表當時層級中，短期走勢的強烈，一般會發生在整理的型態區間內。普通缺口並沒有特別需要分析的意義，但在短期的K線型態上（指酒田K線組合），可以協助分辨力道的強弱。

## 突破缺口

　　所謂的突破缺口（Breakout Gaps）是指股價經過一段時間的整理之後，將會形成密集的壓力區或是支撐區，當突破或是跌破這些區域時，所伴隨著出現的缺口。

　　通常在多頭中的修正結束時，因為對該股的需求增加，造成追買的動作，使股價出現向上跳空，此時也會配合較大的成交量做表態。但是請注意！出現大量並不代表這樣的突破是屬於真突破，仍必須注意當時的相對位置，因為出現攻擊走勢有可能是「**行進間換手盤**」，也有可能是「**拉高出貨**

盤」。如果呈現量縮，則有「惜售」、主力出貨不易的含義在內，因此當出現突破缺口時，如果是真正的突破缺口，在股價還沒有將走勢完成以前，是不會被填補的。反之，被填補者就不能被定義是突破缺口。

至於在空頭走勢中，向下跌破呈現突破缺口時，成交量的觀察就沒有多頭走勢中那麼重要，因為下跌趨勢不需要伴隨較大的成交量也可以成立，但是出現向下的突破缺口時，如果伴隨著較大的成交量，那麼跌勢將會加劇，也就是技術分析前輩常傳誦的口訣：量大殺得凶。

## 逃逸缺口

所謂的逃逸缺口（Runaway Gaps）是指股價在出現確定攻擊走勢後，該回不回或該彈不彈時所出現的缺口，此缺口與突破缺口完全不同，**在多頭上漲過程中出現逃逸缺口，代表空頭不計一切代價在進行逃命**，所以在後續走勢應該伴隨強軋空或是軋空的行為；反之，**在空頭下跌過程中出現逃逸缺口，代表多頭不計一切代價在進行逃命**，所以在後續走勢應該伴隨強殺多或是殺多的行為。

因為這種缺口是當時趨勢最強烈的表態方式，因此這種缺口會具有測量的意義，故也稱為「**測量缺口**」。出現的位置大多在股價的主升段或是主跌段，即趨勢走向最明顯的地方。當然！這樣的缺口既然是具有強烈的表態意味，就絕對不容許被填補，如果被後來的走勢填補，除了懷疑研判可能出現偏差之外，並且必須視情況決定是否要採用逆向思考。

而逃逸缺口進行測量的原則是：**股價未來所走的距離，將和過去已走的距離相等**。在一個中長期上漲或是下跌的走勢中，逃逸缺口的數量將不會只有一個。

## 連續缺口

所謂的連續缺口（Continuation Gaps）是指股價在明顯的上漲走勢中，連續出現三個(含)以上的缺口。**一般技術分析者會將連續缺口與逃逸缺口歸在同類，事實上是不一樣**，雖然在某些走勢上，連續缺口會伴隨在逃逸缺口之後發生。根據觀察實證，連續缺口除了會出現在主升段的走勢之外，小型股或是投機股的逃命走勢也會出現。

## 竭盡缺口

所謂的竭盡缺口（Exhaustion Gaps）是指股價在出現上述的缺口之後，被反方向的走勢所填補者，即為竭盡缺口，代表當時走勢有轉弱的疑慮。然而不是每個竭盡缺口都具有強烈的研判意義，假設缺口在整理區間被填補，那麼代表當時走勢雖然轉弱，但還在震盪格局之內，仍屬於混沌不明的狀態。而在強烈上漲走勢中出現缺口被填補，也只能代表走勢告一段落，可能進入修正或是反轉，而非一般人認為填補缺口就必定會進行趨勢的反轉。

要讓竭盡缺口出現反轉的意義，必須考量當時走勢是否滿足目標區？同時在填補後的技術面是否出現反轉疑慮，以及反轉確認的訊號，切勿看見缺口被填補就認定趨勢反轉，畢竟股價走勢在缺口被填補後，多頭走勢持續創高或空頭走

勢持續創低者，比比皆是。因此股價出現反轉，不必然出現竭盡缺口的訊號，就如同股價反轉不一定要出現指標背離的訊號。

除上述缺口之外，還有因為除權、除息和減資所產生的缺口，這些缺口仍具有壓力與支撐的意涵，正常而言，並不需要還原權值來觀察股價的波動。

## ❧ 實例說明 ❧

請看《圖2-49》。聯強股價的日線圖在標示A的位置出現了一個完全缺口，股價在壓回修正時將這一個缺口填補，技術分析的術語稱為「**關窗**」，且應該被定位成「**竭盡缺口**」。這個缺口被填補時，根據當時的走勢圖研判，可以先定位是某一個層級的初升段結束，縱使股價在未來走勢出現上漲，就整體輪廓而言，也應該先假設是反彈走勢，除非出現修正走勢結束與多頭攻擊的訊號，才有機會讓股價再度回升。

在修正一段時間後，於標示B的位置出現跳空缺口，同時突破頸線使一個小底完成，因此這個缺口便可以稱為「**突破缺口**」，並以缺口未被填補做為真突破的確認。接著股價在突破該段修正走勢的下降趨勢線時，在標示C的位置再度出現一個完全缺口，因為當時的股價行為是突破下降趨勢線，故此缺口仍被定位是「突破缺口」。

圖2-49　缺口的研判範例之一（資料來源：奇狐勝券）

　　請看《圖2-50》。在所羅門股價的日線圖中，跌破頸線之後才出現如標示A的缺口，代表空頭殺盤的力道逐漸加重，因此是屬於「逃逸缺口」的定位，而標示B的缺口是跌破頸線時同時發生，故屬於「突破缺口」，該缺口沒有被填補以前，跌破頸線的行為將被視為真跌破。

　　標示C的缺口在標示B之後接著出現，因此是屬於「**連續缺口**」的定位，代表當時空頭的走勢被空方積極的延續，下一個跳空跌停的缺口同理可證。而標示D的反彈並未將前一個缺口填補，代表空方力道沒有被破壞，既然如此，在反彈結束之後，股價持續破底下跌，也就不必感到意外了。

　　標示E與標示D的觀念是相同，暗示缺口未被填補，股價將會持續破底，但是越到短線下跌走勢的末期，空方殺盤的力道會越來越輕，出現的缺口也就容易被填補，但填補缺口不代表主要趨勢被改變，這時就要退出屬於偏向短線研判的缺口觀念，改觀察波浪或是潮汐的波動輪廓，才不至於使研判產生偏差。

圖2-50　缺口的研判範例之二（資料來源：奇狐勝券）

# 結　論

　　除了上述討論的畫線方法之外，另有其他畫線方法，如：弧形線（拋物線）、三角板畫線法、X線、甘式角度線、費氏圓、螺旋線、音叉線等等，雖然有其理論基礎，但實用性仍待投資人測試，此處僅對**弧形線（拋物線）、X線和甘氏角度線**以圖例說明，較詳細的用法與其他線條的畫線方法，就不在此處贅述，請投資人參閱相關書籍，擷取適合自己使用的做為參考。而在畫線時，若觀察的時間週期較長、價差幅度較大時，便需要調整畫面的座標值，一般電腦軟體都會提供價格的對數座標供使用者選擇，投資人不妨測試算數座標與對數座標之間的差異。

　　最原始的弧形線是參考刊載在《產經日報》或《財訊快報》這些專業的股市報紙所提供的線圖，利用在書局購買一個簡單的量角器的弧形取出觀察的趨勢。雖然相當簡便，但是利用固定曲線對應不同比例的線圖，就實用性與正確性而言仍有待商榷。

　　接著電腦軟體發達了，在專業的股票分析軟體中便提供了許多畫線工具，在《圖2-51》系統電股價的走勢圖中，就是利用兩點取出拋物線來進行觀察。圖中標示L1的曲線，是利用A、B兩點所建構的，其原理與「原始上升趨勢線」相同，而標示L2的曲線，類似「第一上升修正趨勢線」；標示L3的曲線，類似「第二上升修正趨勢線」。

　　通常利用弧形線或拋物線比取用傳統趨勢線更為貼近股
價波動。傳統趨勢線若需要不斷修正，才能恰當的對應強勁
走勢時，便代表當時K線圖，應使用半對數座標較恰當。

　　X線理論是臺灣股市前輩許金華先生所提出的，其作用類
似「中心趨勢線」。畫線時。規定必須在半對數座標圖上，其
畫法重點在連接一個波峰和波谷，中間要間隔一個波峰和波
谷，且線條會穿過K線，因為直線和K線走勢看起來像個英文
字母X，故稱X線。詳細的用法請參閱許先生所著《股價X
線》。

圖2-51　拋物線的範例（資料來源：奇狐勝券）

　　我們直接以《圖2-52》佳鼎股價的波動進行說明，連接圖中標示A、B即成為X線，該線以穿越過一根K線最為標準，該筆K線即為支點，而標示A、B這兩個點與支點之間的距離，最好保持約在1：1或是2：1的比例，若超過這樣的比例則效果將會被扣減。當股價測試到標示C時，便可能是回檔結束的低點。其他關於實際操作的運用，請投資人不妨多加驗證，以避免落入事後諸葛的效應。

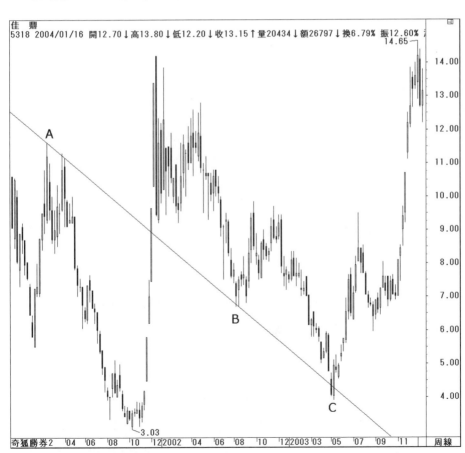

圖2-52　X線的範例（資料來源：奇狐勝券）

此外，還有一個令投資人頗感興趣的畫線方法：**甘氏角度線**。該畫線方法是由美國股票期貨投資專家甘氏（William D.Gann）利用幾何、星相及數學的概念，所發展出眾多畫線方法的其中之一，其畫線原理是將某一個波段的高低點，取其橫座標與縱座標成為一個正方形，將每一個邊長分成八等分（甘氏相當重視4的倍數）與三等分，並從最低點或最高點切到這些等分點上，即成為甘氏角度線。

也可以根據這樣的原理，利用三角函數計算其tan值，以方便直接用角度取線，如以下所示：

| | |
|---|---|
| 2×8＝75° | 8×6＝36.87° |
| 4×8＝63.75° | 8×4＝26.25° |
| 6×8＝53.13° | 8×2＝15° |
| 8×8＝45° | |

畫完線後，簡單的研判原則是以45度線代表多空分界線，在上漲中，角度線若愈陡，則代表當時漲勢強烈，但相對的支撐力道較弱；若角度線越平緩，則代表當時漲勢較慢，但相對的支撐力道較強。其他的變化則相對繁複，尤其是線條太多難以取捨，在實際運用上比波浪理論更艱澀難懂。

在筆者的網站上，曾經探討過關於甘氏角度線的問題，因為在取線時同時用到橫座標（時間）與縱座標（價格），不免又牽涉到時間單位與價格單位的比例是否恰當的問題，國外有專門給《甘氏理論》使用的股票軟體，線圖的比例經設定

後，就不會隨著電腦畫面的縮放而產生改變，與一般電腦軟體比較相對嚴謹，所以在一般股票軟體上使用，如何固定比例將是不容易克服的難題。

再說甘氏角度線亦屬於是趨勢線的一種，既然如此，在畫線時就不能偏離趨勢的研判。然而礙於股票軟體的限制，無法嚴謹定義時間（橫座標）與空間（縱座標）的恰當比例，如何在一般軟體上畫線才能「合理的」詮釋股價行為，在幾經思考推演之後，提出一個簡單的概念與投資人一起討論。

既然牽涉到趨勢，如果以趨勢線表示最理想的股價走勢，那麼該趨勢線應為45度線，但是在電腦線圖上如何定位這條線？不妨由市場自己說話，亦即在線圖中最明顯的趨勢線及可以被定位成為45度線。請注意！45度線只是代名詞，不代表它真的是成45度。這樣的取法最能符合股價波動原理，且能夠恰當的在任何電腦線圖上取線。

請看《圖2-53》。佳總股價在2002年上漲後的回檔修正波動過程中，可以利用標示A和標示B的止漲高點定位主要的下降趨勢線，因為該走勢顯然符合波浪理論中的三波回檔。既然如此，便可以將甘氏角度線中，代表多空分界的45度線，與經過標示A、B的下降趨勢線重疊，因此就如同圖檔中所呈現的甘氏角度線。

當股價在標示C以中長紅棒線穿越45度線後，代表走勢由空翻多，股價理應向下一條下降的甘氏角度線進行挑戰。

而在標示D，股價進入甘氏角度線密集的壓力區，便開始呈現震盪走勢，震盪過程中並沒有破壞多頭的結構，接著再以長紅衝過壓力線與震盪區的高點，形成另一波上漲的走勢。

以這種方法運用甘氏角度線之後，我們發現確實解決不少運用上的難題，投資人不妨在閒暇之餘進行練習，然在實際操作的過程中，仍建議投資人回歸到基本的趨勢線用法即可，不需要將操作的參考資訊弄得過於複雜。

圖2-53　甘氏角度線的範例(資料來源：奇狐勝券)

# 3

## ··· 底部型態 ···

當股價走勢圖處於空頭走勢過程中，出現向下停滯的走勢，並進入所謂的整理過程，而如果整理過程形成正反轉低點墊高，即所謂「**低點不破前低**」的條件時，暗示股價進入較小層級的多頭走勢，此時出現的「底部型態」就是空轉多訊號的前兆，多頭若可以依賴型態的力道加以適度發揮，便可以確認趨勢形成反轉，否則底部型態也只是一個次級反彈波動而已。

因此，我們可以這樣定位：在一個中期下跌的趨勢中，如果想要扭轉其原趨勢，必須經過所謂的「打底」。在實務經驗中，雖然底部型態大小有異或是週期不同，經過統計歸納可以容易被辨識者有：V型反轉、雙重底、三重底、頭肩底、碟形底與盤堅式的複合型底部。

## V 型反轉

### 走勢的特點

V型反轉的一般型態如《圖3-1》所示。它又被稱為「單

主控戰略型態學

腳反轉」、「單腳跳」，**是底部型態中走勢相對強勁者，但也是最不容易切入的走勢**。通常本型態發生在明顯的下跌走勢之後，即K線出現連續的日落下跌，接著以明確的多頭K線呈現止跌（標示L處），緊接著再以連續的日出線型，突破開始下跌的負反轉高點（標示H處），此即完成V型反轉。

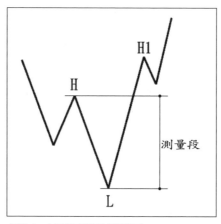

圖3-1　V型反轉的型態圖

此型態被確認的特點：

一、突破標示H的水平頸線時必須呈現真突破訊號。

二、若走勢上漲到標示H1的位置止漲壓回（這段走勢不一定
　　會發生），被歸類為短線洗盤，其低點大部分不會與經
　　過H的頸線產生重疊的現象。

## 成交量

　　一般而言，下跌的走勢是量縮較佳，但是V型反轉往往
在破底時，會有「**量增**」或是「**逆勢量**」的現象，但在當時

並無法確認該量能的真正意圖，必須等到對標示H的水平頸線呈現突破訊號後，才可以懷疑量能的變化是屬於底部進貨的特殊手法。

在股價從標示L處開始攻擊後，通常量能會伴隨著走勢上漲而增加，並且在突破頸線附近呈現「**波段起漲**」的量能訊號，假設股價曾經發生H1的止漲壓回走勢，那麼通常壓回的這段會伴隨著量能萎縮，至少會呈現「**防守量**」的技術現象，最好能出現「**洗盤**」的訊號，如此便可以增加型態的可靠度。

## 浪潮與相對位置

本型態不必然發生在歷史低點，也可以發生在某個修正走勢結束的低點。通常本型態出現之後的漲幅，往往會超過預期的測量幅度，並讓股價創當時的新高點，假設此型態僅滿足標準測幅或是沒有滿足測幅，也就是發生時只是針對前波下跌出現較為強勁的反彈而已，那麼這段走勢將被定位成為B波或是X波。

## 幅度測量

本型態的測量是在走勢圖突破標示H的頸線之後，利用最低點到H的距離，再往上計算一倍，即**基本幅度的目標＝H×2－L**。請注意！這是基本幅度，在一個多頭漲升過程中，上漲幅度往往會超過此預期，若僅僅滿足或是未滿足此幅度，請提防這可能是一個反彈波動或是失敗型態。

## 領先買點與標準買點

本型態切入的困難點，在於標示L的位置止跌後，便出現多方攻擊的K線一路向上，並沒有明顯拉回提供操作者做切入的著力點，因此不推薦領先買點；必須等到突破標示H的頸線之後才考慮做買入的動作。或是等待出現標示H1的止漲壓回時再考慮切入。

操作者另一個難以切入的困難之處，是在突破頸線時就大膽切入，或是等待止漲壓回時再切入？畢竟走勢不一定會出現如標示H1的暫時止漲現象，如何抉擇將考驗投資人的智慧與膽識。

## 停損與獲利的定位

本型態的操作停損點在突破頸線的那筆K線低點，當跌破停損點時，應該逢反彈退出，並觀察是否再度破底？或是呈現另外一種底部型態？至於獲利退出點則是在滿足目標區之後便可以伺機退出，若投資人對波浪理論較為熟稔，也可以根據發生的位置推演較大層級的滿足區，並利用移動式停利法則幫助投資人抱股，擷取較大的波段利潤。

## 投資策略的擬定與規劃

當完成V型反轉的型態時，往往因為股價已經漲升了一段距離，保守型的投資人礙於心理因素無法放膽切入，又因為走勢快速，能夠投入的資金比例在風險考慮下必然較少，這是因為人性弱點導致，並非技術分析能夠解決的問題。而

積極型的投資人，在完成型態當時就可以大膽投入，並以當時突破的低點為停損觀察點即可。

為了可以大膽切入佈局操作，培養辨識潮汐相對位置的能力應更下功夫，尤其在短、中、長週期都暗示有機會走攻擊波段的修正末端時，無論是否會出現本型態，都應該特別注意該股的短線走勢。

## 型態的變化

V型反轉的走勢不必然會與一般型態（就如《圖3-1》）相符，往往會在實務操作遇見產生變化的型態，如《圖3-2》所示，是屬於左肩擴張的V型反轉；而《圖3-3》所示，是屬於右肩擴張的V型反轉。這兩種型態與頭肩底看似有點雷同，其實在走勢圖上仍有差異，尤其是從標示L處開始拉抬，呈現力道的方式會有明顯不同。

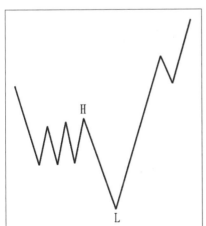

圖3-2　左肩擴張的V型反轉

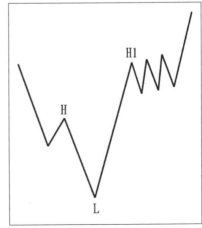

圖3-3　右肩擴張的V型反轉

　　左肩擴張的含義是當時已經有初步止跌的跡象，經過橫盤整理之後，卻因為當時時空背景不佳，或是短線利空消息面牽引，致使橫盤整理失敗，造成股價迅速下跌。

　　而在橫盤整理過程中，隱約可以看見主力著墨的痕跡，因此在破底止跌之後，一般投資人還受到利空的不確定因素干擾時，股價卻可以立即出現拉抬越過橫盤整理的高點，形成V型反轉的型態。

　　右肩擴張的含義則是該股忽然出現特殊的利多刺激，使中實戶、投信基金等具有大部位資金者積極介入卡位，在拉過標示H的負反轉高點之後，激情稍微衰減，同時短線的籌碼也過於凌亂，因此股價便維持高檔橫向震盪，出現漲勢暫時停滯的現象，此時應該會出現「洗盤」訊號，以利於在橫向整理結束之後股價仍夠再度攻堅。

## ❧ 實例說明 ❧

　　請看《圖3-4》。東聯股價的日線圖從修正低點24.95元開始一路上攻，並直接挑戰標示H的頸線關卡，這時走勢圖的型態便具備V型反轉的雛型，當標示A的K線突破標示H的水平頸線時，積極操作者便可以大膽切入，並以該筆低點為作多停損觀察點，在標示A以後的震盪壓回如標示B之處，則是另一次切入操作的時機。

　　當標示A的突破訊號沒有被空頭破壞以前，便應假設為真突破走勢，既然如此，其基本測幅應為H×2−L＝36.05，於標示C的位置穿越滿足。若是短線的投機操作者已經可以獲利了結，但就波段操作者而言，當時的股價波動輪廓，暗示應該要挑戰前波47.5元的壓力，因此投資人可以在穿越基本目標之後，改由移動式停利點觀察股價是否結束波段漲勢。

　　此外，也可以搭配黃金螺旋的測量，取17.5～22.6元為初升段，計算其合理的比例分別得到5.236倍＝45.26元，6.854倍＝53.92元，因為原本預估會挑戰47.5元的壓力，因此取47.5～53.92元為觀察區間是合理的，結果股價在2007/10/17穿越6.854倍的目標，創下54.5元的高點後便止漲進入修正。

主
控
戰
略
型
態
學

圖3-4　V型反轉走勢的圖例之一（資料來源：奇狐勝券）

　　請看《圖3-5》。聰泰股價的日線圖從標示L的低點開始出現反彈走勢，之所以會定位當時是屬於反彈格局，是股價剛剛完成三大波的修正後，股價出現的任何上漲走勢，都先被定位為反彈格局，除非股價很明顯的修正到價位與時間都進入合理幅度，同時又出現浪潮被扭轉成對多頭有利的訊號，才能視為有機會進入多頭回升的上漲波動。

　　而聰泰股價從標示L的低點，開始一口氣上漲，沒有出現多頭停滯現象，最後突破標示H的水平頸線，完成了「**V型反轉**」的雛型。在標示A的突破位置就是操作切入點，但是該股當時短線走勢相當強勁，在突破頸線後並沒有出現震盪壓回的跡象，反而一路向上持續攻堅，探討其原因可能與股本較小，且有特定人士進場拉抬的關係，但因為特定人介入時不必投入龐大資金，故以小郎中或是股友社聯手的機會較高。像這種投機性質較高，且屬於反彈第一段的走勢行情，在滿足基本幅度或者在多頭轉弱之後，應先退出觀望為宜。

　　以V型反轉的型態計算基本目標＝H×2－L＝56.3元，在標示B穿越後，立即止漲壓回並跌破多頭支撐，接著出現反彈無法創下當時新高點，暗示短期頭部已經出現，投資人應該將短線多單退出，尤其在標示E、F之處出現兩筆大量止漲，不禁令人有主力出貨的疑慮。

　　而當股價從高點壓回修正時，如果可以維持在標示L的上盤底，代表多頭尚有持續攻堅的意圖，可惜的是，在標示C跌破標示L的水平頸線，宣告這段V型反轉的攻擊雖然屬於

完整的型態，但就整體而言，只是一個強勁的反彈波，亦即
屬於波浪理論中所描述的多頭浪潮騙線。

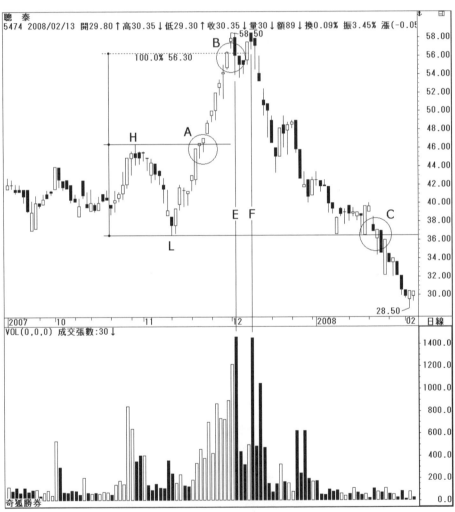

圖3-5　V型反轉走勢的圖例之二（資料來源：奇狐勝券）

　　請看《圖3-6》。ST宇航股價的日線圖中，標示L0的1.56元可能是某一個初升段結束後的修正低點，股價從這裡開始出現強勁拉抬，突破經過標示H0的水平頸線，依其走勢可以將此型態視為V型反轉，標準買點即為標示A的這筆K線，並以當筆K線低點為作多停損點。這檔股票的走勢並沒有在突破頸線後壓回測試頸線，直接攻堅滿足基本測幅H0×2−L0＝2.56元的目標後止漲，隨即再拉回修正，在當時L0的低點只要未曾被跌破，波動的輪廓均可以維持對多頭一個優勢。

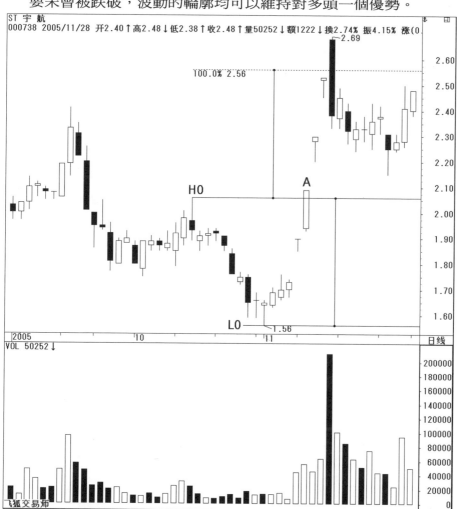

圖3-6　V型反轉走勢的圖例之三（資料來源：奇狐勝券）

請看《圖3-7》。ST寰島股價的日線圖,在長線的波動走勢已經有機會轉成對多頭有利,當股價從標示L的低點1.69元開始起漲,直接針對前波下跌高點H0所畫出的水平頸線進行突破,形成V型反轉的型態。

標示A的位置即為標準買點,而走勢在突破頸線的關卡後,尚未滿足目標就在標示H的位置止漲,並壓回測試頸線,這是V型走勢的另外一種變化,屬於合理的波動行為。

在測試頸線的過程,如果沒有破壞多頭支撐,亦即多頭維持對頸線的「**真突破**」訊號,那麼在標示B的位置又出現多頭買進訊號時,便可以介入操作多單,而無論在標示A或是B的位置介入者,其獲利點均應先考慮基本測幅＝H0×2－L＝2.59元,但在長線有機會續攻的背景下,股價穿越基本目標後,是否要賣出持股或是多單續抱,則可以利用移動式停利法則觀察,並配合波段黃金螺旋的測量,那麼就有機會可以擷取到大波段的利潤。

圖3-7　V型反轉走勢的圖例之四（資料來源：飛狐交易師）

# 雙重底

## 走勢的特點

由於雙重底走勢的形狀與英文字的W相似，故又被稱為「W底」，請看《圖3-8》。本型態為底部型態之王，因為它最容易辨識，但也最容易被誤判。

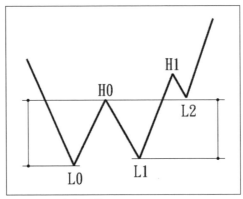

圖3-8　雙重底型態

雙重底型態的形成，是股價下跌到某一個價格水準之後（標示L0），股價開始進行短線反彈並止漲於標示H0的位置，股價接著壓回測試前波低點附近的支撐，但是並沒有再度創下新低點，形成標示L1的谷底，亦即維持L1≧L0的狀態，最後再從L1開始上漲，並突破經過H0的水平頸線，至此，雙重底的型態才算初步完成。

因為雙重底的頂點只有一個，因此水平頸線的畫法即為

經過H0高點的那一條，通常沒有修正必要。如果在突破頸線之後，且尚未滿足目標之前，先出現止漲壓回，即標示H1～L2這段的走勢，通常稱為「**回測**」、「**後抽**」，亦可以視為「**短線洗盤**」，但無論如何，L2的訊號不得破壞真突破的技術現象。而本型態在出現後，不一定會造成整個走勢扭轉，也可能只是短期反彈或是引動中期反彈波動而已。

## 成交量

在標示L0的位置，被稱為「**第一隻腳**」，在此附近的成交量通常是萎縮，少部分會呈現量增的情形，假設此處呈現量增的訊號且型態被確認後，我們會懷疑這是積極型的主力進場所導致的行為。而在標示H0的頸線附近，往往是成交量擴增所造成的止漲，又因為當時尚未出現多頭明顯的訊號，因此大多是短線客搶短獲利了結，主力順勢出脫部分持股的位階，進場者則是誤判當時的指標訊號，以為多頭開始要進行上攻的操作者。

標示L1的位置附近則是成交量萎縮，此處又被稱為「**第二隻腳**」，其成交量的技術訊號會較L0的位置更為明顯的指出是對多方有利的萎縮，而在突破水平頸線時，則往往會伴隨較大的成交量做為攻擊突破的訊號，假使量能不足，則需要進行補量行為，以維持多頭走勢不墜。

## 浪潮與相對位置

歷史低點看見的底部不一定可靠，但是修正低點看見的底部，可靠度將會大幅增加，因此建議投資人在運用時，應

該找尋明顯的三波修正的末端，亦即在《波浪理論》中，屬於C-5波的結束位置出現最為可靠，同時也可以考慮將這樣的型態套用在週線圖上，使操作的輪廓放大、利潤增加。

本型態除了在C-5波的末端有可能出現之外，也可以出現在層級相對較大的反彈波動中的B波谷底，一樣會造成股價上漲，只是這段上漲是層級較低的多頭走勢而已。

當雙重底型態被確認後，對於波浪未來可能的定位，我們可假設標示L0～H0這段是屬於#-#-1波，標示H0～L1這段是屬於#-#-2波，而從標示L1開始上漲這段是屬於#-#-3波。至於是否如此，驗證方法相當簡單，除了要注意波浪理論的鐵律外，若從標示L1開始上漲這段連最基本的漲幅都無法滿足，顯然就是假設錯誤，代表投資人不小心操作了一個類似反彈的波動，那麼接下來應該會出現「假突破」的訊號，也就是觸及停損點並引發停損機制的啟動。

## 幅度測量

本型態基本的測量方法有兩種，一是傳統型的翹翹板測量，另一種是進階型的黃金螺旋測量。

傳統型的測量方法，是計算頸線到第二隻腳的距離，從頸線往上再攻擊等幅，即**基本幅度的目標＝H0×2-L1**。而進階型的黃金螺旋測量，其**目標計算＝（H0-L0）×黃金螺旋比率數字＋L0**。黃金螺旋比率數字即為1.618、2、2.618、3.236、4.236、5.236、6.854之類。

　　運用測量法則時，必須針對浪潮的位置加以調整，才能使底部型態的運用發揮到極致，但是型態完成後未能滿足基本幅度，便屬於失敗型態，無須懷疑。

## 領先買點與標準買點

　　膽大心細的投資人可以根據下跌修正的走勢，研判底部成型的機率高低，因此可以在第二隻腳的位置出現發動訊號時領先進場，這些訊號先以K線攻擊為主，其他技術指標為輔，例如：成交量擴增、均線糾結的三合一、BIAS領先指標的訊號等等，而標準買點在於突破頸線或是回測頸線時進場。投資人必須根據自己的技術能力與承受風險程度的高低，衡量恰當的進場時機。

## 停損與獲利的定位

　　若是領先進場的投資人，亦即買在第二隻腳附近的位置，其停損點應設在第二隻腳的谷底，沒有跌破谷底以前續多無妨，當跌破之後，應於逢反彈時先退出。若是於突破頸線或是回測頸線時進場者，其停損點都設定在突破頸線的那筆攻擊K線的低點，當跌破該筆K線低點時，則應逢反彈退出。雖然觸及停損點時有可能是洗盤手法，但大部分都是攻擊失敗的意思，沒有必要冒「可能是洗盤」的風險。

　　基本的獲利點就是滿足基本幅度的位置。這對短線帽客而言或許已經足夠，但對於波段操作者，其利潤顯然是太少了，因此必須先定位當時底部發生的位置，才能有效決定使用的測量工具是否恰當，並擬定較佳的停利出場觀察點。

## 投資策略的擬定與規劃

**資金部位較大者的投資人**：設定好投入該股的資金比例後，在週線的第二隻腳便可以開始進行佈局的動作。一般在懷疑是週線第二隻腳的位置時，會利用日線圖的訊號分批逐漸進場佈局，其停損點都設定在第二隻腳的谷底，當日線底部成立，並開始向上推升時，初期以月線（21MA）為移動式的觀察參考，末期則以黃金螺旋的中長線目標為主，並搭配K線止漲訊號，分批出脫手中持股進行落袋為安。

**資金部位較少的投資人**：使用的技術分析訊號雖然相同，但是進場時機只有兩個位置：一是第二隻腳附近的多頭攻擊訊號，進場資金比例不宜高於設定購買該股資金的三成，在此時進場的停損點設定在第二隻腳的谷底，至於最後的資金應於型態完成後介入，這時所有持股的停損點都應設定在突破頸線的那筆。獲利點則是利用黃金螺旋測幅與10MA的擺動作為停利的參考。

**資金更少的投資人**：進場點沒有選擇的條件，只有突破頸線或是回測頸線的標準買點位置，因為資金少，機動性更佳，停損與停利都可以快速執行，故可以選擇風險較高的停利方法，以博取利潤的最大化，以上的策略需要隨實際走勢變化進行調整，並非一成不變。

### 型態的變化

雙重底的走勢在突破頸線之後，回測頸線的動作少部分
會相對複雜，亦即會如《圖3-9》所示，在突破頸線之後的
回測，形成一個橫向的整理走勢，這會使投資人懷疑底部是
否真的完成？假使在橫盤整理時沒有跌破停損觀察點，那麼
投資人應無視於這樣的擺盪行為，倘若跌破停損點，則不需
要其他任何揣測，例如：這是洗盤啦、業績多好啦等等，更
須堅持先行退出觀望，等待走勢明朗化後再行進場。

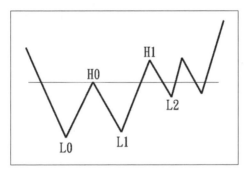

圖3-9　雙重底的變化型態

而本型態其他變化，還有所謂「複合式雙重底」，亦即
第一隻腳是一個雙重底的型態，即所謂的「複合左腳」；或
者第二隻腳是另一個較小層級的雙重底型態，即所謂的「複
合右腳」。這種複合型態往往使技術分析者認為這是一個三
角形的走勢圖，但是我們嚴格的區別，三角型態是屬於整理
型態，不屬於底部反轉型態。

## ∽ 實例說明 ∾

請看《圖3-10》，本範例將利用致茂股價的日線圖說明W底的短線變化。

當股價在某一個修正低點出現後，即圖中標示L為27.5元之處，開始出現一小段反彈並在標示H處止漲壓回，則從L～H這段走勢將被假設為某個初升小段，股價壓回時只要維持在標示L之上，操作者在當時應假設標示L為短期底部第一隻腳，經過標示H的水平線為底部頸線，壓回的這段走勢則視為進行打底，亦即正在嘗試打出第二隻腳。

並沒有規定在打底過程中，其底部非成立不可，必須等到股價止跌（圖中標示L1處），並出現如標示A的多頭攻擊訊號突破水平頸線，此時才可以確定第二隻腳成立，也就是W底的雛型已經完成。

檢視整個盤底過程，第二隻腳附近呈現量縮價穩，代表籌碼沉澱，突破頸線時呈現「**推升量**」技術訊號，代表多頭攻堅企圖明顯，更增加底部的可靠性。而所謂推升量，請閱《主控戰略成交量》（寰宇出版）書中，關於多空量指標說明。

既然短期底部成型，利用型態的基本測幅可以估算目標＝H×2－L1＝30.6元，股價走勢在標示B這筆穿越目標，同時出現帶推升量的黑K棒，就量能角度而言，滿足目標後增量

收黑，不排除該筆K線有短線出貨的嫌疑，股價將容易進入
震盪洗盤，假設洗盤過程對多頭有利，才能視為多方有意圖
繼續攻擊，並應該伺機再找短線買點；若洗盤失敗，則該出
貨量的空方意義將會被擴大解讀。

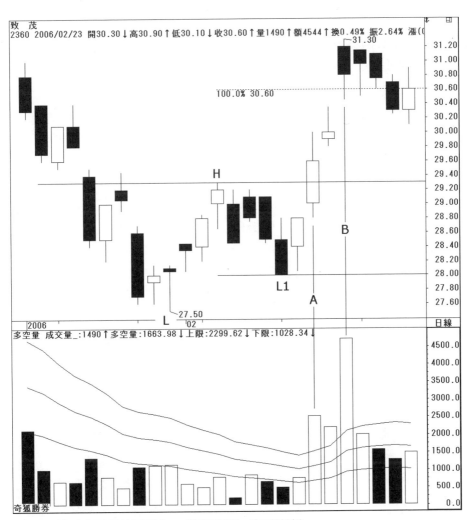

圖3-10　雙重底型態的圖例之一（資料來源：奇狐勝券）

請看《圖3-11》。致伸股價的日線圖修正到8.57元的低點後，檢視當時所呈現的技術現象，研判未來還有一個中長線波段的攻擊，但操作者不能因為這種揣測就摸底，應該要等待底部完成才開始進場較佳，以規避打底的時間等待，甚至不幸還要破底的風險。

當股價從標示L0的低點8.57元開始反彈，到標示H的位置止漲拉回，都在盤底過程且尚未確認底部成立，投資人可以不必急著進場，但在盤底過程就應該對當時技術訊號進行解讀，以成交量而言，標示A是下跌逆勢量，若第一隻腳真的在標示L0的位置，那麼這些量能所代表的含義將是：**特定人士刻意壓低股價的佈局手法。**

而在標示H時出現推升量但卻止漲，股價迅速壓回且量能急縮，當縮到多空量指標的下限以下時，即成為「**凹洞量**」的技術現象，同時在標示L1出現價格止穩與反彈的跡象，接著股價緩步上推，量能也隨著溫和增加，最後在標示B時又以推升量併中紅的跳空攻擊，穿越標示H的水平頸線，但在尚未滿足基本幅度時，便在標示C爆量收黑回測頸線，此時就技術面而言，只要回測時維持多頭真突破訊號，就無礙多頭攻擊氣勢。

但在此時如何分辨從標示C的止漲仍然對多頭有利，而不是一個失敗的攻擊型態？關鍵點在：**波浪或是潮汐的相對位置，缺少了這個環節，研判時將會產生相當大的偏差。**而在標示D穿越基本測量幅度後，股價若出現短線拉回修正是正常的，因為標示E是帶量十字線，隔一筆立刻以空方走勢

的日落黑K表態，所以短線可以定位進入修正，但由於底部型態已經成立，底部區所形成的區間已經成為支撐，以中長線多頭仍有機會攻擊的背景來看，應該在修正後注意是否仍有多頭適當的切入時機。

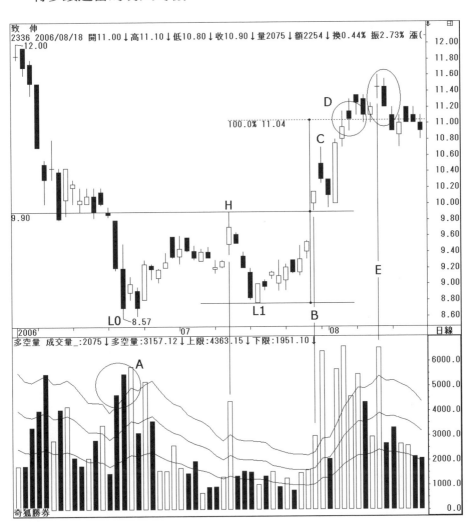

圖3-11　雙重底型態的圖例之二（資料來源：奇狐勝券）

　　請看《圖3-12》。力特股價的週線圖在2004年11月附近的走勢，利用波浪或是潮汐的觀點定位，宜先假設是反彈波動，既然如此，出現的底部型態就不一定可靠。

　　我們先以圖中標示L0的位置定位為第一隻腳，標示N的位置是水平頸線，標示L1的位置就是第二隻腳，標示A也突破了水平頸線，到目前為止，整個週線圖所呈現的與定義中的W底型態無異。

　　然而這個型態是否成立，仍需將最基本的幅度滿足才算完成，經由計算目標值為99.5元，股價的實際走勢並未穿越該價位，便出現壓回，尤其是在標示B這筆日落長黑，破壞了多頭上攻結構，使向上滿足目標的機會降低，當跌破標示A的那筆K線低點之後，便可以推論底部型態失敗，股價將持續向下修正。

　　從這個範例可以知道：不能看見型態的模樣就認定未來必定會有多少漲幅，因為型態可以出現失敗走勢，而避免操作到失敗型態的方法，仍然需要依賴相對位置的研判。

圖3-12　雙重底型態的圖例之三（資料來源：奇狐勝券）

　　請看《圖3-13》。深深寶A股價的日線圖，向下修正到靠近前波低點的位置，接著便從標示L0的3.41元開始出現反彈走勢，爆量止漲後形成標示H的水平頸線，再壓回到標示L1的低點嘗試打第二隻腳，如果要讓底部完成，在第二隻腳附近的量能變化，以符合價漲量增、價跌量縮的走勢為標準，同時相對於修正谷底若能出現量縮更佳，例如：標示D、E的位置。

　　當股價持續向頸線挑戰，並於標示A的位置突破頸線，就暗示底部有機會完成。但該筆的成交量能顯然增加的程度相對不足，為了使底部更加可靠，在技術面最好要補量上攻，亦即再持續出現多頭表態的K線組合，例如：標示C所示。但標準買點仍是在標示A，標示C所對應的K線是屬於追買點，在幅度還未滿足以前是可以被接受的買點，但是要考慮風險高低與利潤多寡，是否值得投資人追買？

　　型態必須滿足基本目標觀察是否完成，當穿越基本幅度5.3元後，便宣告該型態為未來支撐。若再以L0～H這段為某一個初升段，其黃金螺旋的2.618倍在標示B這筆棒線被穿越，代表的意義是短線多頭出現「**攻擊**」走勢，未來走勢的規劃將傾向多方有利。雖然標示B這筆呈現爆量長黑的技術面，股價也進入修正，但鑑於多頭曾經出現攻擊的力道，在修正走勢的末端，應該要注意修正結束的訊號，並伺機介入操作多單。

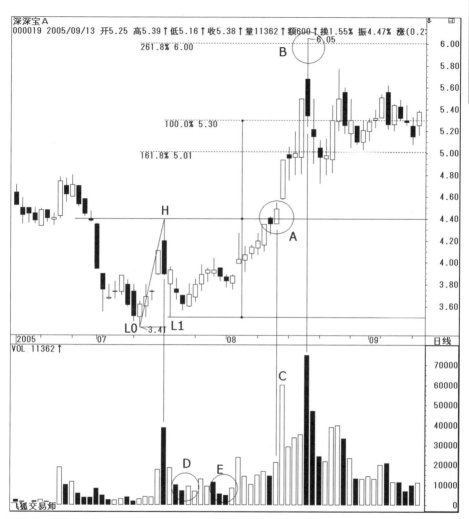

圖3-13　雙重底型態的圖例之四（資料來源：飛狐交易師）

　　請看《圖3-14》。長安汽車股價的月線圖修正到3.36元的低點之後，開始呈現反彈＋止漲的走勢，形成標示H的頸線，請注意！在當時標示H的高點僅能定位是某一個反彈初升段的結束點，不能如圖中所標示直接定位成#−1。

　　雖然觀察的線圖是月線圖，但如果要呈現底部的型態，其量價結構仍須符合定義，因此拉回打第二隻腳時最好呈現相對量縮的走勢，而該股到標示L的低點為止，與W底的描述相符。

　　當股價突破頸線，滿足底部型態的基本幅度後，股價沒有止漲跡象，暗示使用的測量方法需要改變，亦即要從底部型態的測量方法改換成黃金螺旋的測量方法，從圖中可以看見股價穿越以第一段測量的3.236倍，超過標準攻擊的2.168倍，因此投資人可以定位走勢將有機會成為5波的結構，最後第5波則滿足在5.236倍。

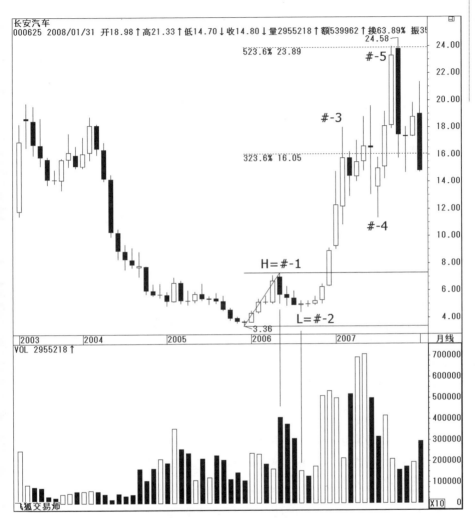

圖3-14 雙重底型態的圖例之五（資料來源：飛狐交易師）

底部型態不一定會在相對低檔出現,在相對高檔的整理末端也有機會出現,請看《圖3-15》。中金嶺南股價的日線圖在上漲告一段落之後,利用波浪理論與測量法則輔助,標示H0附近有機會是一個上漲段落的止漲點,假設行情就在此結束,那麼應該會進入盤頭走勢,並出現浪潮修正或是其他多頭結束+多頭逃命的訊號。

事實上,股價在修正的過程中出現一個底部型態,為了方便說明我們將該處的型態放大,其中經過標示H的水平頸線是短期底部是否完成的參考。標示A呈現突破訊號,且股價向上攻堅滿足最小測量幅度37.08元,假設股價從這裡開始出現攻擊走勢,那麼利用黃金螺旋測量底部第一隻腳的那個波段,應該要穿越2.618倍的幅度以上,我們可以看見在標示B的位置穿越4.236倍,證明是多頭攻擊無誤,最後在標示C的位置攻擊到6.854倍,股價也隨後創下新高點71.97元後,進入明顯修正。

從走勢完成的K線圖觀察,不難發現標準的買進點,但在實際的操作中,如何認定中長線走勢尚未完成?如何推論標示A是標準進場點?又怎麼知道進場後,是多頭攻擊走勢,而不是一個反彈波動?說實話,這些疑惑在當時沒有人可以給投資人任何保證,只能以當時時空背景輔助研判,在訊號出現後執行操作,並以適當的停損點控制我們的風險,至於吹噓推論如何神準者,不過是那個時間點受到了幸運之神眷顧,如果在往後的投資生涯仍抱持這樣態度面對市場,其下場不卜可知。

圖3-15　雙重底型態的圖例之六（資料來源：飛狐交易師）

# 三重底

## 走勢的特點

　　請看《圖3-16》，所謂的三重底就是比雙重底多一隻腳。股價走勢發生的背景與雙重底幾乎相同，只是從標示L1開始上漲後，遭逢標示H0的水平頸線時，只是以上影線穿越、價格相等或是攻擊失敗形成黑K，同時止漲拉回修正，卻又沒有跌破第二隻腳的谷底，因此形成了第三隻腳。

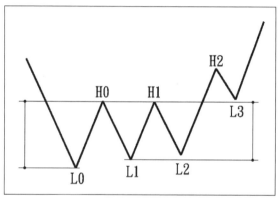

圖3-16　三重底型態

　　就型態而言，其谷底應該呈現L2≧L1，且L1≧L0的現象。然而因為標示H1的止漲點有可能曾經在盤中穿越經過H0高點的水平頸線，因此懷疑是三重底型態時，可以針對標示H0和H1的實際情形，進行頸線調整。

調整頸線時，雖然頸線略有傾斜是可以被接受，但強烈建議儘量取水平頸線觀察，調整時的重點在於可以同時切過形成兩個高點的K線實體上緣或是上影線的端點。

三重底的型態常常被使用型態分析者定位成為三角形，就像複合式雙重底中所述，我們嚴格的區別三角形是屬於整理型態，而不屬於底部反轉型態。

此外，三重底也如同雙重底一般，需要針對頸線以明顯的多頭攻擊做為突破訊號，在攻擊後，未滿足基本目標以前，部分走勢會有回測頸線的現象，同時這三隻腳的間距也會有約略相等的特性。

本型態不宜與複合式雙重底混淆，兩者之間的差異在於三重底的頸線就只有一條，而複合式雙重底的頸線是針對不同型態進行繪製，所以會呈現明顯的兩條頸線在不同位置。

## 成交量

三重底型態的成交量變化與雙重底大致上相同，只是它多了一隻腳，換句話說，它多洗了一次盤，使得第三隻腳成交量萎縮的程度將會更加明顯，這種現象也是增加本型態可靠度的研判法則之一。而因為多洗一次盤的緣故，所以在突破頸線時成交量的擴增就不是那麼重要，只要呈現價漲量增的技術面即可，增量過大反而容易造成回測的走勢出現。

當完成三重底之後，因為打底時間較長，量能沉澱的程度較雙重底為佳，因此在後續的漲幅也會相對凌厲，甚至有一口氣漲完較大層級目標的情形出現。

## 浪潮與相對位置

三重底發生的位置，我們強烈建議是發生在較大週期中的某一個修正谷底，而這個谷底卻高於前一個谷底。此時出現的三重底型態將相對可靠，除了可以幫助投資人獲取基本的上漲幅度外，擷取大波段利潤的機率也會提高。就《波浪理論》而言，這個谷底的位置可能是#–C–5波的末端或是層級相對較大的反彈波動中的B波谷底。

至於三重底型態的波浪定位，與雙重底雷同，我們可以假設標示L0～H0這段是屬於#–1波，標示H0～L1這段是屬於#–2波，而從標示L1～H1這段是屬於#–3–1波，標示H1～L2這段是屬於#–3–2波，標示L2上漲後這段是屬於#–3–3波，實際走勢是否如此，依然得利用波浪理論中的鐵律並配合測量幅度進行驗證。

## 幅度測量

本型態基本的測量方法有兩種，一是傳統型的翹翹板測量，另一種是進階型的黃金螺旋測量。

傳統型的測量方法，是計算調整後的頸線到第二隻腳的距離，從頸線往上再攻擊等幅，**即基本幅度的目標＝頸線價格×2–L1**。進階型的黃金螺旋測量，其**目標計算＝(H0–L0)×**

黃金螺旋比率數字＋L0。但無論使用何種測量方法，都須隨著實際走勢加以調整。

## 領先買點與標準買點

在標示L1的第二隻腳附近，為領先的買進點，這裡與雙重底一樣具有指標訊號的出現，其差異在於逢頸線時三重底將出現止漲，不會產生真突破的訊號，此時從頸線壓回逢第二隻腳谷底支撐依然可以進場買進。而標準的買點在於突破頸線或是回測頸線時進場。我們必須再度提醒投資人注意：**雖然領先買進持股成本較低，但因為型態尚未被確認，所承受的風險也會較高**，請依照自己的操作習慣，與能承受風險程度的多寡自行選擇。

## 停損與獲利的定位

採用領先買進訊號進場的投資人，無論是買在第二隻腳或是第三隻腳的位置，**其停損點都應設在第二隻腳的谷底**，沒有跌破以前續多無妨，但跌破之後就應該在逢反彈時先行退出。

若是在突破頸線或是回測頸線時進場者，其停損點都設定在突破頸線的那筆攻擊K線的低點，當跌破該筆K線低點時，則應逢反彈退出。至於基本的獲利點就是滿足基本幅度的位置，其他上漲目標就交由浪潮走勢決定，並推演可能的目標區進行獲利了結的參考價。

## 投資策略的擬定與規劃

本型態的策略擬定與雙重底相同，請各位投資人參閱雙重底的說明。

### ❧ 實例說明 ❧

三重底形成的前奏與雙重底（W底）並無差異，請看《圖 3-17》。台苯股價的日線圖在某一個段落的修正低點成立後，股價進入反彈、止漲壓回，即線圖中標示L0與標示N的位置，前者是第一隻腳，後者是水平頸線的位置。而標示L1為第二隻腳，截至目前為主，量價結構都與W底無異。

在標示A的中長紅棒出現時，雖然也出現了推升量，不過沒有突破頸線，依然不能視為底部型態成立，而股價也從隔一筆開始壓回，出現類似「**上揚三法**」的K線型態組合。最後股價在標示B的位置以中長紅突破頸線，成交量也出現推升量，到此底部型態就成立了，而標示L2的低點便是第三隻腳，因此這是一個三重底的型態，且股價也在標示C穿越最小測幅，代表未來這個型態將會有支撐力道。

雖然有部分技術分析人士，將這個反轉型態視為上升三角形，但本書強烈建議投資人不要做這樣的分類。

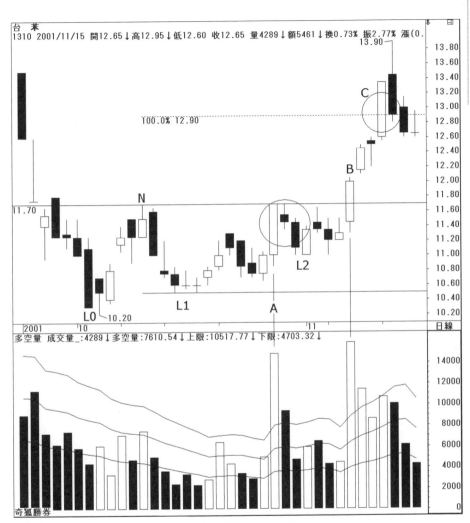

圖3-17　三重底型態的圖例之一（資料來源：奇狐勝券）

　　請看《圖3-18》。福聚股價的週線圖修正到17.2元的低點後，並未創下新低，並且盤出一個三重底的型態，底部三隻腳分別以L、L1、L2做為註記，

　　在標示A的位置則是完成底部的訊號，當股價上攻到最小幅度的目標後，並未出現止漲、壓回的修正走勢，反而在標示B滿足以L～H計算黃金螺旋的2.618倍，暗示股價出現攻擊走勢，最後在標示C的位置滿足3.236倍才正式進入修正。

　　滿足最小幅度就代表未來這個型態將會有支撐力道，而滿足攻擊走勢的幅度，則代表未來在底部區逢支撐成立時，需要更積極的注意再買進訊號。

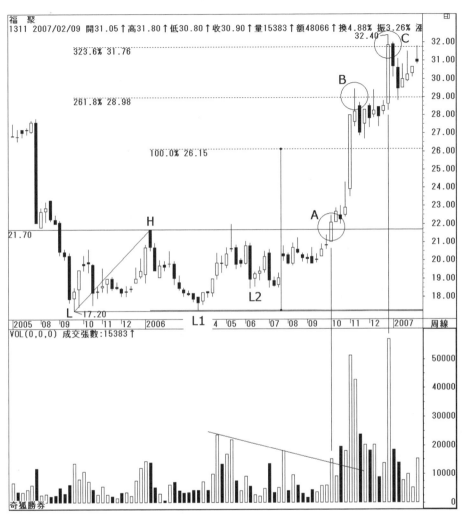

圖3-18　三重底型態的圖例之二（資料來源：奇狐勝券）

　　請看《圖3-19》。英業達股價的日線圖在某一個上漲結束後的修正末端，進入一個漫長的盤底期，根據走勢圖逐漸向右移動的過程，我們定位標示N為頸線的位置，標示L0、L1、L2分別為三重底的三隻腳，最後在標示C滿足最小的基本測量幅度。

　　該檔走勢中比較值得一提的是成交量的變化。我們在頸線經過的第一個止漲點附近，先找到一筆較大的成交量，再針對其他的峰量取出成交量的下降趨勢線，可以發現量增突破下降趨勢線時，多半會對應到中紅K線，如標示A所示。但該筆K線的隔一筆沒有繼續表態攻擊以突破頸線，且該筆K線低點也被跌破，暗示這樣的量增紅K所呈現的多頭攻擊是失敗的。

　　而在標示B，則量價結構又重複標示A的情形，只是這次在隔一筆的走勢就突破頸線，且標示B的K線低點也沒有被跌破，因此才能使底部完成，並使股價向上攻堅。雖然不是在每次底部形成過程中，都會出現這種成交量的現象，但是如果出現，將會增加底部成立的可靠度。

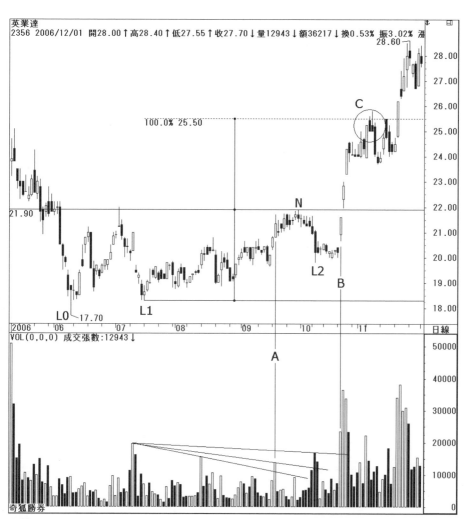

圖3-19　三重底型態的圖例之三（資料來源：奇狐勝券）

　　請看《圖3-20》。茂化實華股價的日線圖修正到當時的低點3.86元後，開始出現盤底的行為，其中標示L0、L1、L2分別代表底部的三隻腳，且這三隻腳低點對應到附近的成交量觀察，都呈現量縮價穩的訊號，若以成交量的下降趨勢線觀察，在標示A以增量突破成交量的下降趨勢線，股價則是越過頸線，最後滿足基本測量幅度，到此才算完成整個三重底的底部型態。

圖3-20　三重底型態的圖例之四（資料來源：飛狐交易師）

　　請看《圖3-21》。*ST華源股價的週線圖從低點2.4元開始反彈，整個盤底過程可以規劃為三重底的結構，標示H0為底部頸線，盤底過程中，被上影線穿越不算底部完成，同時也不需要調整頸線的位置，而標示L0、L1、L2分別代表三重底的三隻腳。當走勢完成底部，並滿足基本測量幅度4.26元後沒有止漲跡象，暗示走勢將會出現以黃金螺旋為目標的攻擊盤，在滿足基本攻擊的2.618倍幅度後，必須注意股價未來如果回測這個底部時，所持的操作態度應更為積極。

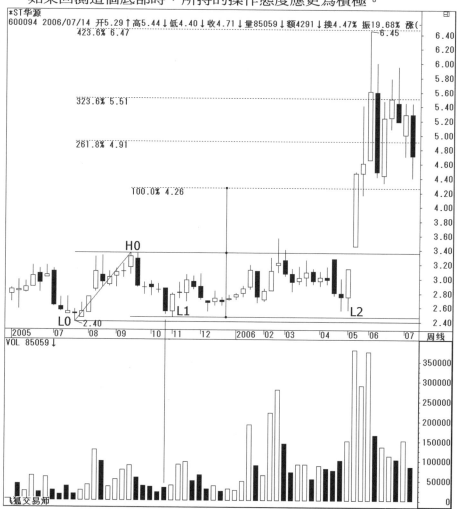

圖3-21　三重底型態的圖例之五（資料來源：飛狐交易師）

　　請看《圖3-22》。武漢中商股價的日線圖，從低點2.53元拉出一段類似初升段的走勢之後，再進行浪潮的波段洗盤，洗盤結束時的訊號以該股輪廓而言，最好能有一個底部的型態進行確認。

　　我們可以先假設標示H1為底部的頸線，在該處盤出一個三重底的型態，並在標示A出現多頭表態，使短期底部完成時，投資人便可以伺機介入，後續股價也上攻到最基本的測量幅度4.03元。

　　如果在當時持多單操作者的眼光，只是專注於型態的完成，而忽略了股價波動的整體結構，那麼操作者的利潤將會受到侷限，無法享受到真正大波段的利潤，請參閱下一張盤勢說明。

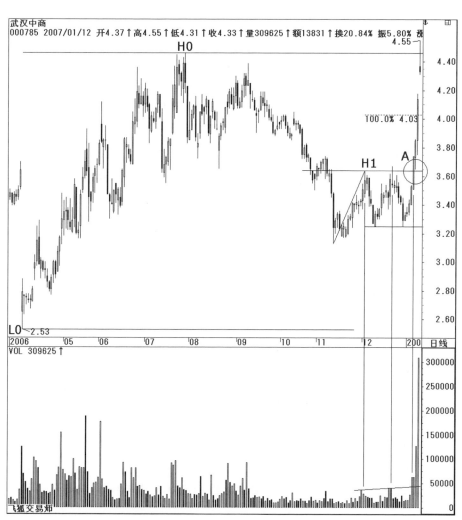

圖3-22 三重底型態的圖例之六（資料來源：飛狐交易師）

　　《圖3-23》是《圖3-22》的延續說明，將武漢中商股價所觀察的日線圖輪廓放大後，可以清楚的看見標示L0～H0是屬於一個初升段的結構，甚至從月線圖看觀察，就如同《圖3-14》是一個W底的型態，也就是說，如果觀察的輪廓夠大，研判的方法也正確，我們將會買在某一個波段起漲區的底部完成時，那麼所獲得的利潤，將不會是這個小小底部的測幅，而是整個較大輪廓所要發酵的幅度，這也是《圖3-23》所要表達的含義。

　　在《圖3-23》中，當股價穿越標示H0的頸線後，曾經出現回測頸線的動作，因此在標示A附近如果出現短線買點，無異是另一次絕佳的切入時機，我們再以L0～H0為測量段計算黃金螺旋，最後股價在標示B滿足5.236倍止漲並進入修正，假設在當時無法適時退出，也可以在後續波段反彈時退出。

　　就筆者實際操作經驗而言，以類似這樣的相對位置運用《型態學》，是最佳操作模組之一，很可惜的是，一般投資人的操作，無論是使用指標訊號，或是利用《型態學》觀察股價的切入點，往往忽略了股價波動的輪廓觀察，也沒有找出對操作最有利的相對位置，自然在操作的效度上會被打許多折扣。

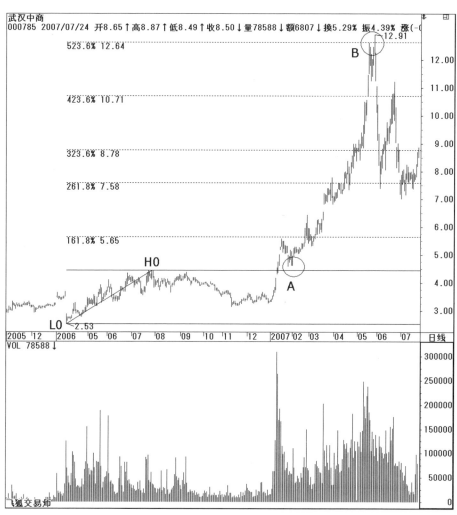

圖3-23　三重底型態的圖例之七（資料來源：飛狐交易師）

# 頭肩底

### 走勢的特點

請看《圖3-24》，在一個激烈的下跌走勢或是較長週期的空頭市場修正末端，因為價位過低，使持股者開始出現惜售現象，如此一來，會使籌碼逐漸穩定，此時若出現搶跌深反彈的買盤進駐，股價便會呈現跌深反彈的走勢，此即為標示L0～H0的波段，是為「**左肩**」。

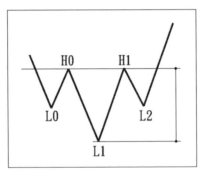

圖3-24　頭肩底型態

當股價反彈告一段落，搶短線的買盤出場，使股價再度回復下跌走勢，且創下新低點即標示L1的位置時，隨後股價再度出現上漲走勢，這段漲勢將相對明顯，且幅度也較L0～H0這段為大，通常會上漲靠近或是超過標示H0位置止漲形成H1的高點，而標示L1的這個谷底便稱為「**頭**」。

從標示H1高點開始下跌的走勢，其幅度將不會大於前一段上漲，亦即下跌的終點L2不會跌破L1的谷底，此處是為

「**右肩**」。通常標準的型態會使L2的低點與L0的低點呈現對稱的情形，亦即時間對稱或是價位對稱，同時會出現指標訊號暗示L2的支撐成立，最後再以多頭攻擊的K線突破頸線做為型態完成的確認。

因為頸線是經過標示H0和H1兩個高點，因此可以接受頸線走勢是略為傾斜，也就是可以根據實際走勢進行修正，其原則是切過的上影線越多，頸線將更為可靠，但是頸線不得切過兩個止漲高點附近的K線實體之內。

當取出來的頸線是如《圖3-25》向右下方傾斜時，代表當時市場買氣仍弱，未來被估計的漲升幅度較低；而取出來的頸線若是如《圖3-26》向右上方傾斜時，代表當時市場買氣已經逐漸轉強，未來被估計的漲升幅度較高，但請注意！此型態突破頸線的那筆K線低點，往往在回測時被測試甚至跌破，後續的走勢有的形成上漲失敗、有的則持續上漲。因此遇到頸線向右上方傾斜時，對於潮汐與波浪的定位，需要更加嚴謹，以避免操作時進退失據。

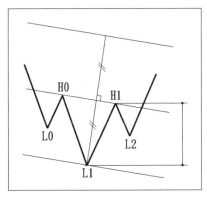

圖3-25　向右下方傾斜的頭肩底型態

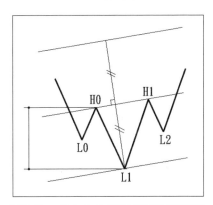

圖3-26　向右上方傾斜的頭肩底型態

## 成交量

頭肩底的成交量變化，會隨著走勢推移逐漸增加，左肩的位置會出現第一次量增的現象，接著在下跌過程中，成交量將會低於左肩的水準，而在標示L1處形成正反轉上漲之後，量能會逐漸放大並且明顯超過左肩。而形成右肩的修正過程中，量能會出現減少的現象，但會比頭部成交量在最低點時還要高，突破頸線的拉抬過程中，量能通常會跟著明顯增加，也就是會出現量價齊揚的標準多頭結構。

## 浪潮與相對位置

頭肩底型態往往被誤為在重要的多空轉折位置才會發生，事實上，根據實務操作經驗，發生在多頭已經有機會成立初升浪走勢之後的修正波末端，更為常見與可靠，因此它與大部分的底部型態相同，可以發生在任何一個激烈的修正走勢末端，或是較長週期的空頭市場修正末端，尤其在被確定是多頭走勢來臨後的劇烈修正結束之後出現，更能表現多頭再度攻堅的企圖心。

至於本型態所代表的波浪意涵，標示L1～H1的這段可以被假設為#-#-1波或#-a波，標示H1～L2的這段可以被假設為#-#-2波或#-b波，從標示L2開始上漲的這段可以被假設為#-#-3波或#-c波，除了可以利用鐵律加以辨識之外，後續的上漲走勢將會決定是屬於哪一種波形，尤其是未能滿足最基本的上漲幅度者，無庸置疑是屬於a、b、c三波的反彈走勢。

## 幅度測量

　　本型態標準的測量方法是先取出頭部到頸線之間的「**垂直距離**」，再從頸線向上取等垂直距離為預估目標。變化的簡易測量方法是利用最小段波幅，直接計算翹翹板的距離，如《圖3-25》是屬於往右下方傾斜的頸線，則其最小距離是標示L1～H1，那麼簡易的計算方法就計算H1×2－L1＝**基本目標**；同理，《圖3-26》是屬於往右上方傾斜的頸線，則其最小距離是標示H0～L1，那麼簡易的計算方法就計算H0×2－L1＝基本目標。

　　至於進階的算法則是利用H1～L1為初升段，計算其**黃金螺旋目標＝(H1－L1)×黃金螺旋比率＋L1**，利用這個方法估算的目的可以協助研判波浪的定位，當可以漲升到黃金螺旋至少超過1.618倍以上的數據，才能定位該上漲段有5波結構的可能。

## 領先買點與標準買點

　　當股價修正最近的低點比前一個波段低點還要低，其成交量也同步比前一個波段低點還要少時，走勢便具備開始打底的可能性，這個位置有可能是右肩的谷底L0之處。

　　而股價再度下跌後出現止跌、反轉、上漲，上漲時只要出現「**均線三合一**」的買進訊號，或是完成複合式底部上漲時，可以視為「**警告買進訊號**」，也就是說可以不必等待右肩成立就先行進場，故屬於領先買點的第一個買進訊號。

當股價止漲後再度下跌，懷疑可能要進行右肩的走勢時，我們可以取經過左肩的谷底，畫出一條平行頸線的趨勢線，找尋右肩可能的對稱落點，在此趨勢線附近出現止跌訊號時，嘗試做另一次買進，這是領先買點的第二個買進訊號。這兩個訊號都在型態沒有被確立以前進行，所以是風險較高的買點。

而標準買點則是多頭攻擊訊號突破頸線的位置，是屬於最明確的買進訊號，當時應搭配明顯的量能擴增突破頸線，如果量能不足或是未能再補量攻擊，宜防「**假突破**」的訊號出現。

## 停損與獲利的定位

頭肩底的停損點設置，根據買點位置不同，會產生不同差異。若是領先買點的第一個買進訊號進場者，其停損點設定在出現多頭訊號的K線低點，或是買進訊號與最低點之間的正反轉低點；如果是領先買點的第二個買進訊號進場者，以形成當時右肩谷底的最低點為停損點，至於標準買進的停損點，則設定在多頭表態突破頸線的那筆K線的最低點。

至於獲利了結的點位，根據浪潮的定位不同將會有所調整，但是只要曾經滿足最基本的上漲幅度，便可以獲利了結先行退出。而頭肩底也有可能會出現失敗的型態，因此在攻擊過程，且尚未滿足基本目標以前，若出現爆量中長黑，持多單者應該提高警覺，以防型態失敗。

## 投資策略的擬定與規劃

選擇領先買點或是標準買點除了心態不同之外，與資金部位大小也有相當大關係。

**資金部位較大者**：很難在突破的標準買點出現時適時切入，因此選擇領先買點進行分批佈局是必要選擇之一，亦即在出現領先買訊之後都可以逐次分批進場，至於停損觀察點的設置也是相同，但也可以根據實際走勢再往下調整一些空間，而跌破停損觀察點之後也是逐次分批退出。

**資金部位較少的投資人**：只要是認定的買點都可以進場，在沒有突破頸線以前亦可以採用短線進出的方式賺取短線價差，或是未破停損價以前就不管短線走勢的震盪，當然，最明確的進場點在突破頸線或是突破後的回測，這裡的風險較低，是否會產生波段行情或者直接觸及停損價導致出場，將會使投資人很快得到答案。

## 型態的變化

在《圖3-27》中，列出了幾個複合式頭肩底的圖形。標示(A)是左肩複合，標示(B)是左肩與頭部複合，標示(C)是雙肩與頭部複合，標示(D)則是雙肩複合。實際的走勢變化投資人可以自行組合，頸線的畫法與一般相同，最好是能夠切過較多的上影線，以求取相對可靠的參考。

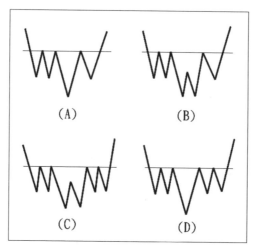

圖3-27　各種複合的頭肩底型態

　　出現複合式頭肩底時，因為其整理的時間較長，浮額消化的程度會比一般頭肩底徹底，所以在籌碼相對穩定的情形下，若出現正式突破頸線的走勢，後續的上漲速度與幅度將會明顯大於一般頭肩底的型態，尤其是該型態出現在原始上升趨勢的底部，並配合成交量向上突破頸線時，宜採積極買進的態度。

## ❧ 實例說明 ❧

請看《圖3-28》。倫飛股價的日線圖在創下低點2.46元之後，開始出現反彈走勢，當上漲到標示H1高點止漲且呈現短線壓回時，檢視當時的走勢圖，有機會盤出頭肩底的型態，故利用標示H0～H1切出一條向右上方傾斜的頸線，同時將L0暫定為左肩、L1暫定為頭。投資人應該注意右肩是否完成，如果要利用趨勢線找到相對應的完成點，可以利用一條經過L0並且與頸線平行的切線觀察。如果是利用成交量觀察，那麼必須注意是否呈現量縮價穩或洗盤的現象。當L2的谷底出現而且出現中長紅時，便要注意切入佈局的時機，同時以突破頸線為確認型態完成的觀察點。

至於頭肩底的測量方法，是利用標示L1的低點到頸線的垂直距離，往上再複製一倍。從圖中可以看見，穿越估計的目標之後，於標示A該筆出現爆量長黑的現象，類似這樣的走勢通常代表短線目標已經滿足，同時是獲利了結的賣壓所導致。就波浪的角度而言，從L1～H1若為上漲的#–1波，且L2～A若為上漲的#–3波，那麼從標示A開始進入的修正，如果呈現洗盤結束的訊號，同時又沒有破壞波浪的鐵律，且再出現多頭攻擊訊號時，投資人便可以進行#–5波的上漲規劃，並且以L1～H1的幅度進行黃金螺旋的測量，估計#–5波可能的結束點。

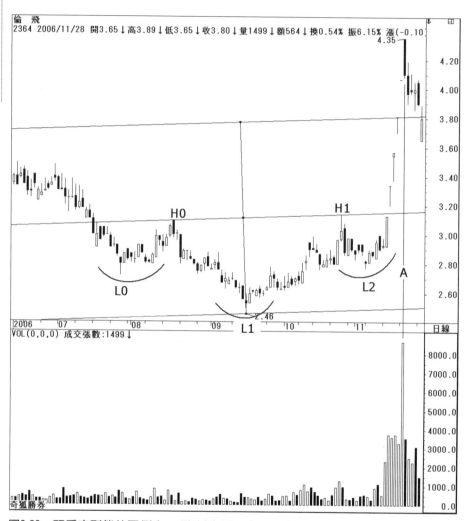

**圖3-28 頭肩底型態的圖例之一（資料來源：奇狐勝券）**

　　請看《圖3-29》。中纖股價的日線圖，經過長時間的修正後，從5.05元的低點開始向上反彈，在標示A穿越標示H，形成突破的訊號，到此屬於V型反轉的型態。而在標示H1的止漲震盪現象，如果是利用V型反轉型態觀察者，這裡的走勢是屬於過頸線的回測現象；如果是利用頭肩底型態進行觀察者，那麼標示L0為左肩、標示L1為頭、標示L2為右肩，型態的頸線即為切過標示H～H1的趨勢線。

　　在尚未成立頭肩底型態以前，如何研判標示L2附近的震盪屬於對多方有利？以當時K線數目較少推論，這個底部的週期屬於中短期底部，因此短線的量價關係將會比指標訊號來得重要，比如：在標示A的那筆中長紅，帶推升量突破經過H的水平頸線，假如該筆低點沒有被跌破，就是屬於真突破。

　　而在標示A的後兩筆，雖然K線組合屬於對空方較為有利的「母子」，但呈現量縮的訊號，當再出現標示B的日出紅K，且又帶推升量的訊號時，便可以推論母子量縮是極短線的洗盤訊號。截至目前為止，這些洗盤訊號都被定位是針對標示A的K線，進行突破後的洗盤與測試多頭支撐的行為。

　　接下來，在標示B與之後的那三筆K線，可以歸類是「**上揚三法**」的組合，以三法型態推論，當時如果是進入盤頭走勢，就不會出現「**多頭執墊**」的變化，然而在標示C不但出現多頭的攻擊訊號──**日出中長紅且帶推升量**，同時完成多頭執墊的型態與突破頭肩底的頸線，使頭肩底的型態完

成，最後在標示D止漲，雖然沒有穿越預估的軌道線上緣，
但仍然滿足最小的測量幅度，故此型態仍被歸類是一個成功
的頭肩底。

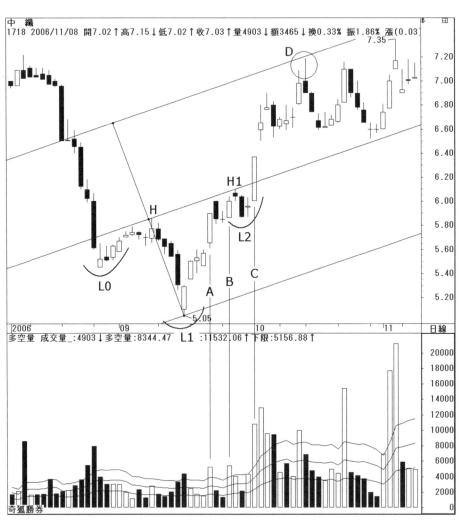

圖3-29　頭肩底型態的圖例之二（資料來源：奇狐勝券）

　　請看《圖3-30》。東貝股價的日線圖從26元的低點開始反彈，利用型態觀察，應屬於頸線往右下方傾斜的頭肩底。標示L0為左肩、標示L1為頭、標示L2為右肩，當在標示A突破頸線時，成交量出現推升量，惟K線型態是屬於「**避雷針**」走勢，假設投資人買在標示A，仍然是利用該筆設為停損點。而後續走勢在標示B，穿越測量目標且爆量收黑，當滿足目標區時出現推升量的技術現象，再加上K線型態對多方不利時，宜先將當時的量能結構視為「**短線出貨量**」。

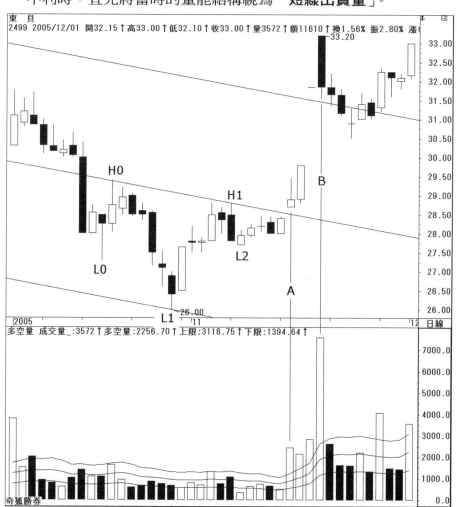

圖3-30　頭肩底型態的圖例之三（資料來源：奇狐勝券）

主控戰略型態學

　　請看《圖3-31》。志聖股價的日線圖從10.2元的低點開始反彈，經過大約兩個月以後，整個型態接近頭肩底的組合，即標示L0為左肩、標示L1為頭、標示L2為右肩又因為在L1附近有一個雙重底的結構，所以這個型態是屬於複合式的頭肩底。通常複合式的底部因為盤底時間長，籌碼沉澱的程度較佳，未來上漲的幅度可望增加，因此除了利用型態預估未來可能的上漲目標之外，也可以考慮取標示L1～H1為測量段，進行計算黃金螺旋的測量目標。

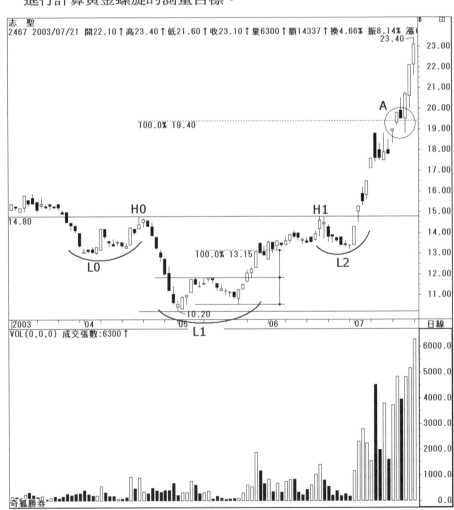

圖3-31　頭肩底型態的圖例之四（資料來源：奇狐勝券）

　　請看《圖3-32》。鳳凰光學股價的日線圖，下跌到7.5元
的低點時，其相對位置屬於可能是初升浪結束後的修正低
點，當股價從低點開始反彈之後，其型態逐漸形成一個頭肩
底的模樣，尤其是在標示A，其右肩的成交量出現萎縮，使
得型態被完成的可靠度增加。而在標示B以多頭強勢的跳空
行為表態，穿越標示N的底部頸線，也就是這個缺口沒有被
填補以前，此缺口為「**突破缺口**」，走勢定位將為真突破，且
未來應該滿足基本的測量幅度，就如圖中所標示C一般。

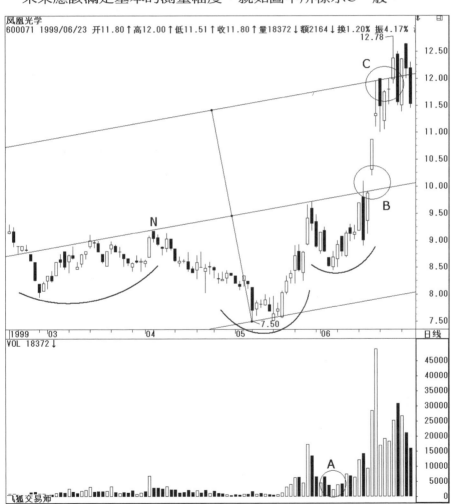

**圖3-32　頭肩底型態的圖例之五（資料來源：奇狐勝券）**

主控戰略型態學

　　請看《圖3-33》。在*ST新天股價的日線圖中，3.3元的低點其相對位置屬於可能是初升浪結束後的修正結束點，在盤出一個頭肩底的型態後，於標示A之處突破標示N的頸線，接著進入震盪，並反覆測試突破頸線的那筆K線低點。

　　正常的情形下，支撐被反覆測試代表當時空方力道較強，而多頭堅守防線，雖然多頭沒有完全棄守防線，但是上攻力道也會被相對的削弱。

　　股價在多空爭戰後，標示H的水平頸線被中長紅突破，代表多方獲勝，因此可以斷定股價將往基本的目標滿足，而在滿足目標且同時穿越前波高點後，創下5.78元的高點止漲，若以當時走勢、上漲過程的路徑與相對位置進行研判，從3.3元上漲到5.78元這段，將被使用《波浪理論》研判股價的投資人，定位是某一個修正波中的B波。

**圖3-33　頭肩底型態的圖例之六（資料來源：飛狐交易師）**

　　請看《圖3-34》。長安B股價的週線圖，從1.94元的低點開始拉出一段明顯的上漲走勢，就型態而言，屬於頭肩底的型態。當股價突破底部的頸線時，同時也突破經過H0的水平頸線，只要技術面維持真突破的訊號，那麼投資人應該積極介入，擷取波段的利潤，畢竟在週線的輪廓下完成底部，未來上漲的幅度不但容易掌握，風險也容易受到控制。

　　在這張走勢圖中，除了利用頭肩底的型態測量方法之外，也利用了黃金螺旋進行測量，投資人可以嘗試以L0～H0這段為初升段，計算其可能的目標區，我們可以從圖中發現，股價在穿越型態滿足的目標後，同時也穿越黃金螺旋目標的兩倍幅，接著股價進入震盪，該震盪過程並未使多頭走勢被破壞，因此可以定位為整理走勢，當突破整理區間後，暗示股價將往下一個黃金螺旋的目標前進，最後穿越黃金螺旋的2.618倍幅，創下11.73元的高點止漲，並進入另外一個循環的修正走勢。

　　在股價行進過程中，如果要利用《波浪理論》搭配《型態學》進行規劃，在突破標示H0的水平頸線後，便可以假設H0可能是#-1波，型態的右肩屬於#-2波，至於突破H0水平頸線的那段為#-3波。請注意未來若出現下列情況，將會破壞這樣的假設：

　　⑴突破頸線之後，沒有維持真突破的現象。

　　⑵上漲幅度無法滿足最小目標。

　　⑶震盪整理的過程造成1、4重疊。

而當假設沒有被實際走勢破壞時，整理走勢便可以定位為#-4波，後續的上漲就是#-5波了。

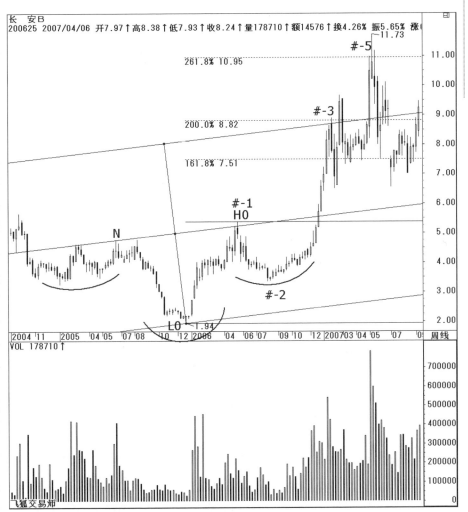

圖3-34　頭肩底型態的圖例之七（資料來源：飛狐交易師）

請看《圖3-35》。江鈴B股價的週線圖，從2.45元的低點開始出現反彈走勢，在經過一段時間的盤底之後，投資人便很容易發覺，走勢圖相當接近頭肩底的型態。其中在低點的位置，又另外形成一個W底的型態，因此這個頭肩底將被歸類為複合式的頭肩底，其中在標示P也就是右肩的位置，出現量能很明顯的萎縮，更增加了型態的可靠度。

股價在標示A先突破H0的水平頸線，再接著突破底部型態的頸線，並於標示B的位置回測頸線，但都保持真突破的技術現象，因此在放量上攻先滿足型態的基本上漲幅度之後，也可以考慮利用黃金螺旋進行測量。

我們可以從走勢圖中察覺，標示C是穿越黃金螺旋的4.236倍，接著進入三波修正，修正過程亦無破壞多頭的結構，因此在修正結束之後，股價有機會往黃金螺旋的下一個目標前進，事實上，股價在標示D的位置穿越了6.854的倍幅，並且創下11.5元的高點後止漲。

我們可以嘗試用《波浪理論》的觀點進行驗證。如果以型態中的第一段上漲為#-1波的話，利用該段計算黃金螺旋，而走勢滿足型態幅度後仍繼續上攻，並穿越4.236倍後才止漲，代表這段上漲為#-3波，且穿越4.236倍時又代表這個#-3波曾經出現延伸，因此根據走勢的震盪，標示B應該屬於#-3-2波，穿越3.236倍時應是#-3-3波，而穿越4.236倍時應是#-3-5波。

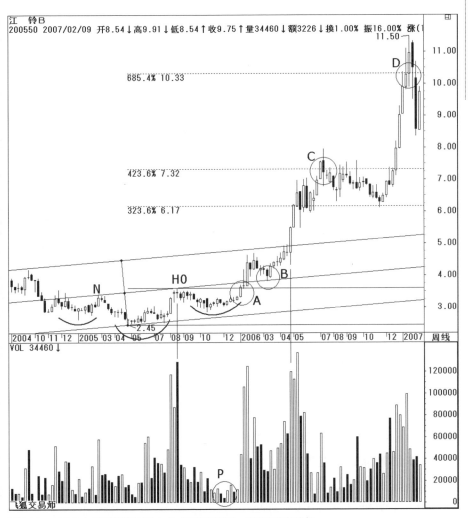

**圖3-35　頭肩底型態的圖例之八（資料來源：飛狐交易師）**

　　請看《圖3-36》。在中科英華股價的日線圖中，修正到4.98元的低點時，以當時走勢觀察，已經修正超過前波幅度的0.382以下，這樣的技術現象往往會使投資人以為修正已經完成，並將從4.98元開始上漲的那段走勢定位為初升段。

　　如果以《型態學》進行觀察，也有頭肩底的雛型，況且頸線是屬於往右上方傾斜，怎麼看都是對多方有利。因此在標示A的位置以中長紅棒線突破底部頸線時，以《型態學》的角度切入並無不妥，然而股價卻在突破之後沒有出現預期中的漲勢，反而壓回反覆測試支撐，最後形成頭部下跌，亦即標示B是屬於頭部頸線，標示C為頭部第二頭。

　　在使用《型態學》的過程中，難免會面臨這樣的失敗型態，當投資人遇見類似的走勢時，應該抱持如何解決這樣困境的態度面對，而不是從此放棄使用型態理論，甚至排斥技術分析。

　　如何避免這種騙線走勢？唯一的方法就是**投資人必須懂得審視當時的時空背景**，如果當時指數類的走勢仍有嚴重疑慮，則在切入個股的操作時，停損點的拿捏必須更加嚴格，亦即寧可被洗盤出場，維持一個小賺的局面，也不要被套牢在相對高檔。

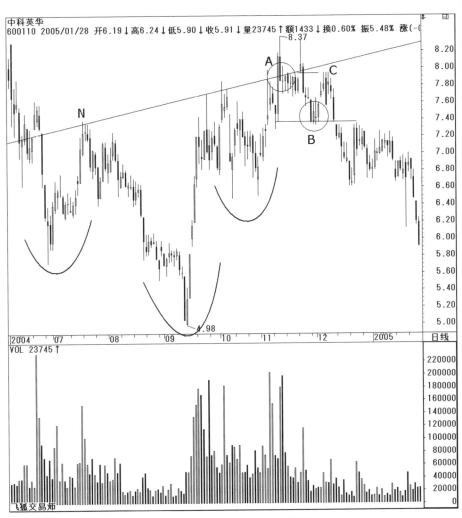

圖3-36　頭肩底型態的圖例之九（資料來源：飛狐交易師）

# 碟形底

## 走勢的特點

碟形底又稱為「圓弧底」、「潛伏型底部」，是屬於比較特殊的底部型態，請看《圖3-37》。其形成的原因是經過長期或是較為明顯的下跌修正之後，多空雙方的爭鬥趨於平緩，股價波動逐漸進入「**盤跌走勢**」，接著因為成交量萎縮，股價上下震盪幅度減緩，漸漸的由盤跌走勢轉變成為「**盤堅走勢**」，從盤跌到盤堅的這段過程，短線操作者將不容易擷取操作利潤，同時波動的谷底看起來類似一個碟形或圓弧形。

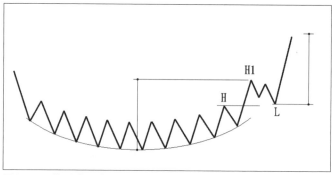

圖3-37　碟形底型態

在型態的末端，多空拉鋸後，多方逐漸佔上風，並使股價出現明顯上漲，脫離原本的盤堅牛皮走勢，在突破最後一個盤堅高點（標示H）或是開始盤跌下跌的高點時，會迫使第一批空單搶補，當衝刺的力道結束便形成H1的止漲高點，並

使股價從此處開始回測，而從H1～L這段走勢，是屬於小波段洗盤的段落，俗稱「**杯形帶把**」。

## 成交量

型態的成交量並不容易描述，因為在盤跌與盤堅的過程中，成交量變化將顯得相對凌亂，唯有在型態即將完成，隱約可以看出是屬於「**谷底量**」的現象，而隨著盤堅走勢末端也就是即將完成底部時，量能才會明顯增溫，最後在突破某一個高點時，呈現價量齊揚的現象，以軋短空模式脫離盤堅走勢。

至於這段軋短空的走勢將在出量後止漲，接著進行小波段洗盤的動作，洗盤的低點通常伴隨著量能萎縮，通常以「**凹洞量**」、「**防守量**」的表現居多。

## 浪潮與相對位置

本型態大多出現在長線多頭開始的第二波，或是層級較大的B波谷底，少部分會發生在歷史修正的低點或是長期下跌修正走勢的末端。而在波浪的定位上，從谷底到杯形帶把的起點可以先暫定為#-#-1波或#-a波。

## 幅度測量

本型態的基本測量幅度是取型態的最低點，到結束盤堅走勢那段拉抬的止漲高點，也就是杯形帶把的起點為測量幅度，並從杯形帶把的終點往上加測量幅度即可。但本型態屬於時間週期相對較長期的底部，因此上漲幅度如果超過預期

是正常的，甚至會帶動更大層級的發動力道。

## 領先買點與標準買點

對於浪潮相對熟稔者，在股價從盤跌轉成盤堅走勢之後，便可以開始進場，此為領先買進的訊號。而標準的進場點有三個可能位置：

(1)當突破開始盤跌向下的高點時。

(2)當突破最後一個盤堅的高點時。

(3)上述兩者突破後的回測，即杯形帶把的終點。

其中第(2)點的訊號不容易辨識，所以雖然是屬於標準買點，但在實務操作上較少使用。

在這裡推薦積極操作的買點。因為碟形底未來上漲的幅度相對較大，在標準買點介入仍有其不確定因素存在，因此不妨在帶把修正結束之後，股價往上攻堅，並帶量突破杯形帶把的高點時積極切入，雖然此時的介入成本略高，但是介入後可以立即知悉是否屬於正確的操作決定，不確定的因素也會降到最低，利潤仍然可以使投資人滿意。

## 停損與獲利的定位

利用領先買點進場的投資人，其停損點應設置在進場的前一個盤堅谷底，而標準進場點的投資人，其停損點應設置在突破的那筆K線低點，但是這個停損價位很容易被觸及，雖然如此，投資人仍應嚴守紀律。至於推薦使用的積極進場點，停損點亦為突破的那筆K線低點，此價位相對容易研判，因為要完成碟形底的上漲，這個位置多頭必定力守，萬

一跌破該價位，我們就要懷疑是否誤判型態，或是誤判杯形帶把的段落。

## 投資策略的擬定與規劃

本型態的策略相對的難以被確認。除非有相當把握，推論走勢圖在進行盤底時，是屬於對多頭有利的浪潮位置。根據實務操作經驗，傳統的《波浪理論》在這部分的運用相對不足，只有利用潮汐觀念與波浪理論所蛻變出的「推浪三部曲」與「潮汐推動」的觀念，才能穩定拿捏。

若是屬於保守與波段型的操作者，在盤跌轉盤堅的過程，就可以逐漸佈局，並忽略短線的上下震盪，只要守穩盤堅谷底就毋須將手中多單退出，隨著股價的盤堅向上，自然會拉開持股成本，當出現積極操作的買點時，再做最後的加碼動作，並將所有持股的停損點，全部移動到突破的那筆K線低點。

至於積極型的操作者，發現有可能是屬於碟形底的型態時，必須將其列入積極觀察的名單，因為它的整理時間相當長，故需要時時留意，當出現積極操作的買點時，便大膽切入。要嘛，立即獲得明顯的上漲波段利潤；否則，就觸及停損點後逢反彈出場，乾脆俐落，一點也不拖泥帶水。

## ❦ 實例說明 ❧

請看《圖3-38》。興泰股價的週線圖，在可能是某一個中長線的初升段結束之後，修正到12.2元的低點，接著從這個低點開始盤堅向上。

在這段盤堅過程的成交量，也就是標示P，相較於之前走勢的成交量萎縮許多，故此型態有機會形成所謂的碟形底。當底部確認之後股價再度向上攻擊，利用碟形底的測量法，可以操作到標示A的這個波段。

請注意！這裡既然可能是初升段之後的修正結束，那麼未來就有機會形成主升段，投資人在預估目標與進場操作時，均須將輪廓放大，以避免錯失大波段行情。

圖3-38　碟形底型態的圖例之一（資料來源：奇狐勝券）

　　請看《圖3-39》。佰鴻股價的日線圖從41元開始盤跌向
下，當修正到31元的低點時，先在標示P盤出一個W底，底部
完成後沒有立即上攻，而是反覆測試頸線與突破點的支撐，
測試之後股價才繼續向上攻堅，而上攻過程並不如預期強
勢，因此可以被定位成為盤堅上攻。股價從盤跌向下到盤堅
向上，整個型態接近碟形底，因此可以利用該型態的切入點
與測量方法，進行該股的波段操作。

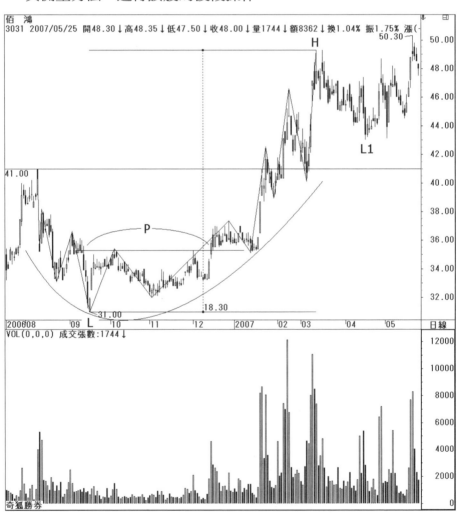

圖3-39　碟形底型態的圖例之二(資料來源：奇狐勝券)

　　請看《圖3-40》。中海發展股價的日線圖，從標示H0的高點向下修正，整個修正的過程接近一個弧形，亦即形成了碟形底。

　　在當時的線圖就算沒有買在碟形底的谷底位置，當突破標示H0的頸線並進入震盪之後，若當時並未破壞多頭結構，就必須注意股價是否會發揮碟形底的上攻力道，甚至發動標示L0～H0這段的黃金螺旋力道。

　　我們把突破H0頸線之後的股價震盪放大觀察，很顯然的，在標示A的位置呈現了真突破的訊號，這裡就是最佳追買點，買進之後如果沒有碰觸到停損點，則有相當高的機會擷取到碟形底上漲幅度的利潤。

　　甚至配合L0～H0計算黃金螺旋的目標與波浪走勢的推演，標示B、C位置的短線買賣訊號，也應該不難拿捏。

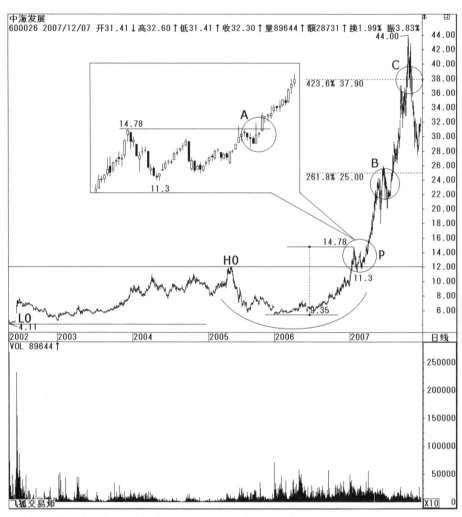

圖3-40　碟形底型態的圖例之三（資料來源：飛狐交易師）

# 盤堅式的複合型底部

## 走勢的特點

本型態在所有技術分析的文獻中，從未被提及，但在實際走勢中卻常常看見它的身影，事實上，它是相當重要的型態之一，投資人不宜忽略。請看《圖3-41》。

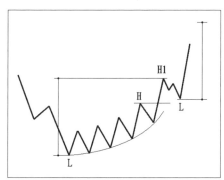

圖3-41　盤堅式的複合型底部

當股價出現明顯下跌走勢之後，沒有出現傳統的底部訊號，反而以盤堅模式一路向上，形成「**盤堅進貨**」的走勢，並在突破最後一個盤堅高點，或是某個下跌的起點之後，脫離盤堅的走勢，形成止漲回測突破的頸線位置，從標示H1～L的這段為「**洗盤**」走勢，也可以稱為「**杯形帶把**」，從線圖來看，與碟形底的差異在於左半邊的走勢不同，因此也可以稱此型態為「**半圓弧底**」。

## 成交量

既然本型態在明顯下跌後進行盤堅進貨的模式，那麼盤

堅過程的成交量必定會出現反覆的量增、量縮的動作，量增可以視為短線出貨行為，量縮則是短線洗盤行為，但是**洗盤低點必須維持谷底逐漸墊高**。而結束盤堅走勢時的量能變化通常變隨著「波段起漲」的訊號被確認，突破杯形帶把的高點時，通常也是伴隨著價漲量增，少部分會量縮收最高，此即所謂的「惜售」現象。

### 浪潮與相對位置

本型態主要發生在股價走勢重挫，或是出現剛剛漲升就除權的跳空缺口之後，多頭利用盤堅模式重新吸納籌碼，降低持股成本，並且藉此扭轉多頭的頹勢，因為此型態仍有可能被誤判，尤其是在上漲一大段之後的重挫，出現類似的型態結果是反彈B波，所以請投資人務必分辨之間的差異。在波浪的定位上，通常會將盤堅走勢的最低點到杯形帶把的止漲高點這一整段，暫時先視為#-#-1波或#-a波。

### 幅度測量

本型態的基本測量幅度是取型態的最低點，到結束盤堅走勢那段拉抬的止漲高點，即杯形帶把的起點為測量幅度，並從杯形帶把的終點往上加測量幅度即可。因為本型態屬於主力介入的程度較深、操作手法相對積極的型態，因此上漲幅度往往會超過預期計算的幅度，甚至會帶動更大層級的發動力道。至於本型態的領先買點與標準買點、停損與獲利的定位、投資策略的擬定與規劃，與碟形底的描述雷同，請參閱碟形底說明。

S >ac

## ∽ 實例說明 ∽

　　請看《圖3-42》。華邦電股價的日線圖在急挫之後，從
9.25元開始出現盤堅向上，因此可以定位是盤堅式的複合型
底部，而底部完成出現攻擊訊號之後，就可以利用L～H的
上漲幅度，估計未來下一段上漲的可能目標，也就是在圖中
標示A獲得滿足。

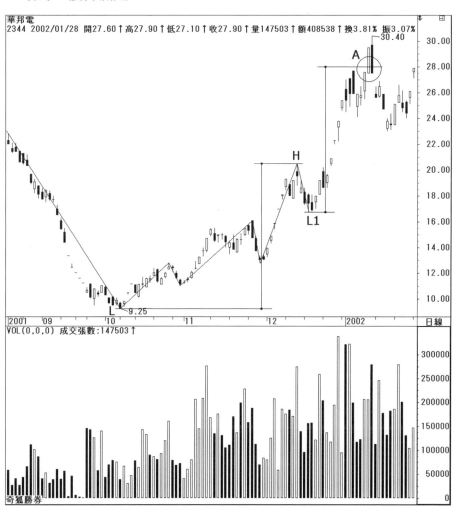

圖3-42　盤堅式的複合型底部圖例之一（資料來源：奇狐勝券）

　　請看《圖3-43》。揚智股價的週線圖先殺到14.2元的低點之後，開始出現盤堅擴底走勢，其中在標示P出現W底的型態，此時我們將當時的線圖轉到日線觀察，日線圖也有一個W底型態導致股價上漲，而多頭利用該型態上漲力道穿越週線的W底頸線，也就是標示35.35元的價位時，如標示A所示，呈現真突破的技術現象。

　　綜上所述，投資人如果可以將長短不同週期，與型態等眾多的技術分析方法整合運用，買在某一個波段谷底並非難事。

　　而從標示L上漲到標示H0為止，又屬於盤堅式的複合型底部的型態，在標示L0附近理應再尋找恰當的買點，在此處買進的獲利幅度將會更大，除了可以運用底部型態加以測量之外，也可以計算L～H這段的黃金螺旋目標，在標示B、C則分別滿足2.618倍與3.236倍。

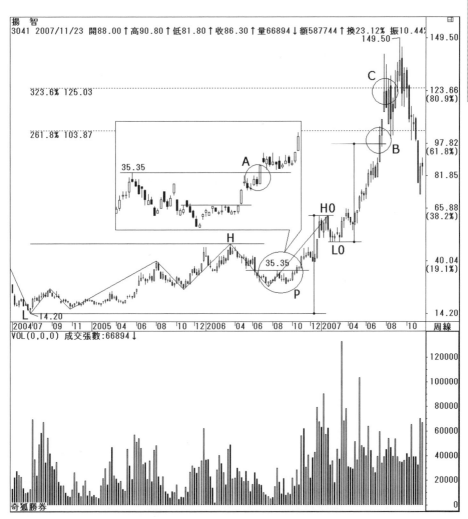

圖3-43　盤堅式的複合型底部圖例之二（資料來源：奇狐勝券）

　　請看《圖3-44》。當宏碁股價的日線圖，以較明顯的走勢修正到46元的低點後，開始出現反彈，反彈的過程屬於盤堅向上。

　　在有機會脫離盤堅走勢的壓回低點，亦即圖中標示L1的位置，出現量能急速萎縮且維持多方支撐不破，那麼整個走勢除了可以定位屬於盤堅進貨之外，亦可以當成盤堅式的複合型底部型態，未來上漲的基本幅度為型態的測幅，也就是在標示A之處滿足。

　　通常出現這個型態時，如果不是在當時股價的最低點位置，那麼就可以利用前波上漲段的黃金螺旋，輔助測量未來可能的上漲目標。

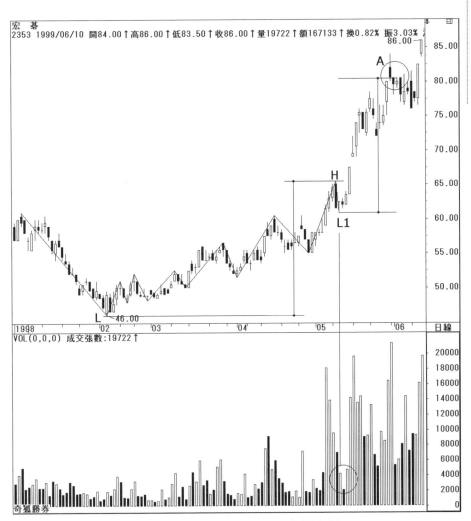

**圖3-44　盤堅式的複合型底部圖例之三（資料來源：奇狐勝券）**

　　請看《圖3-45》。北方國際股價的日線圖在中線擴底過程中，從標示L0的低點開始出現盤堅上漲，如果此處盤堅上漲沒有突破前高且再度破底，就代表修正尚未結束，然而股價卻出現一個明顯上漲波段突破前高，暗示中期擴底走勢對多方有利，股價有機會出現波段的上漲行情。

　　從型態定位，此處有機會是一個盤堅式的複合型底部，從技術面探討，標示A的滾量上攻呈現多頭的強烈意圖，壓回時，於標示B的位置出現量能萎縮，代表籌碼相對穩定。

　　當股價再度放量上攻時，首先要反應的幅度即為盤堅式的複合型底部的力道，若當時時空背景配合得宜，也可以運用前一個上漲波段計算黃金螺旋的目標。

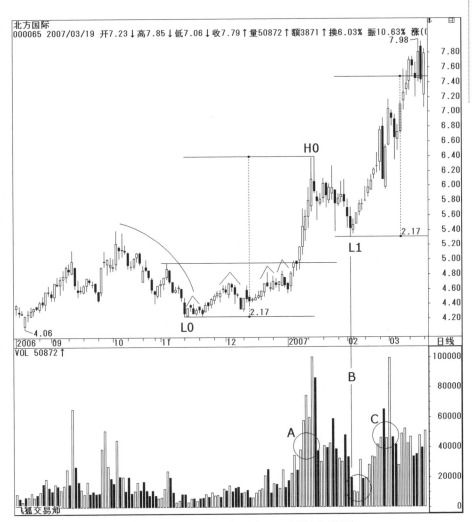

**圖3-45　盤堅式的複合型底部圖例之四（資料來源：飛狐交易師）**

　　請看《圖3-46》。廈門信達股價的日線圖，出現除權缺口並修正到4.05元的低點，在走勢圖中出現除權缺口，被視為壓力參考，因此這段將被歸類為急挫走勢。

　　接著股價又從4.05元的低點開始盤堅向上，整個型態完成盤堅式的複合型底部，因此投資人應該伺機切入操作，擷取型態上漲幅度的利潤。

　　當股價穿越型態的上漲目標之後，沒有出現明顯的修正，反而持續走高，代表股價想要發揮的力道不侷限在型態，因此可以改採用黃金螺旋的測量方法，但是該股當時的最低點就在4.05元，沒有前波的上漲波段可以提供計算，此時便可以利用4.05元～H0這一段為黃金螺旋的計算基礎。

圖3-46　盤堅式的複合型底部圖例之五（資料來源：飛狐交易師）

　　請看《圖3-47》。漳澤電力股價的日線圖，在中期擴底過程中，從某一個修正低點4.05元開始出現盤堅上攻的模式，並完成盤堅式的複合型底部，最後在標示A的位置穿越型態的基本漲幅，與前幾個例子相同，如果股價持續攻堅，則應改採用前波上漲計算黃金螺旋的目標。

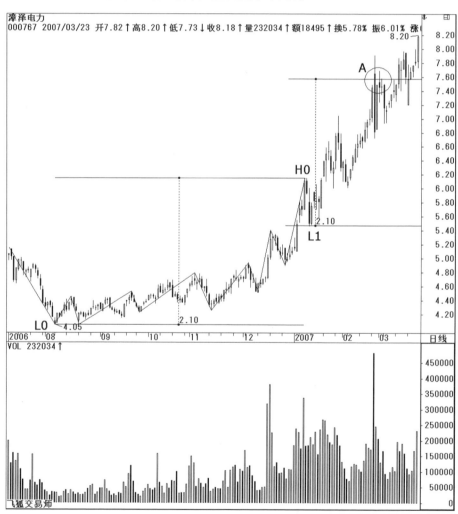

圖3-47　盤堅式的複合型底部圖例之六（資料來源：飛狐交易師）

# 4

## ··· 整理型態 ···

明顯、強而有力的趨勢不可能永遠維持不變，總是會遭受獲利回吐的買賣力道，或是遭逢支撐、壓力等反方向的阻力而使原本的趨勢進入停滯。在這個過程中，供給與需求所造成的買賣力道反覆爭鬥，假使與原本趨勢相反方向的力道在爭鬥過程獲得勝利，那麼這個過程所形成的型態，稱為「**反轉型態**」；如果是與原本趨勢相同方向的力道在爭鬥過程獲得勝利，則這個過程所形成的型態，稱為「**整理型態**」。又因為整理型態之後，走勢將沿著原方向前進，因此整理型態又稱為「**中繼型態**」或是「**趨勢休息站**」。

一般而言，整理型態的討論會比反轉型態稍微複雜，因為在整理過程中，尚未完成的整理型態與尚未完成的反轉型態，其波動模型與成交量等指標的變化，有極為雷同之處，往往會使投資人誤判整理型態是底部型態而太早投入，結果走勢持續重挫造成作多的損失，為了避免這種困擾，嚴謹的定義型態模型，等待確認訊號再進場操作，同時善用測量法則恰如其分的定位相對位置，可以提高型態研判的準確率，降低操作風險。

　　在定義方面，本章改變傳統做了一些調整，比如：型態的名稱原本三角形上升與下降的命名，是以型態中產生的趨勢線做決定，然而當討論到旗形的整理型態時，是上升或是下降旗形的命名，卻是以原始走勢決定。這種混淆的情形，本書決定將其統一，所有整理型態一律以該型態的走向（趨勢）命名，而不以原始趨勢命名，這樣的好處除了方便使用者分辨與學習之外，也可以破譯其他更多變化的旗形整理型態。

　　此外，本書在分類型態時很堅持的認為：雖然有部分整理型態可以當成反轉型態，但是不宜做為反轉型態者，一律不以反轉型態進行研判。這份堅持可能會與原著作產生相當大差異；但以實務操作經驗來看，這些以整理型態解釋反轉行為的線圖，全部都是可以利用標準的反轉型態進行定位，因此沒有必要將這些走勢圖硬套入整理型態說明。如此非但會使學習技術分析者產生辨識的混淆，在操作上，更容易因為定位的難以釐清，造成錯誤的操作決策。

　　舉例來說，菱形最原始是被定位在中繼型態，但卻在後來技術分析的傳承上被改列在反轉型態。事實上，該型態在中繼的意義相當大，而且是意圖維持原始趨勢的強烈表現，反觀將菱形當成反轉型態，都可以利用標準的反轉型態進行定位，因此建議閱讀本書的投資人，先試用本書的分類進行研判，尤其是沒有提及能夠當成反轉型態的中繼型態，一律以標準的反轉型態進行分類與定位，相信各位投資人在《型態學》的運用上，將會有更高一層的突破與理解。

　　為了讓閱讀本書的投資人先有基本的概念，我們將書中討論的整理型態名稱，同時將這些型態可能在走勢中會出現的定位，整理在〈表4-1〉中。比如：下降旗形可以出現在由空轉多的走勢中形成反轉型態，但它就不會出現在由多轉空的反轉過程中。

表4-1 整理型態在走勢中出現的時機

| 整理型態名稱 | 上漲過程中 | 下跌過程中 | 空轉多走勢 | 多轉空走勢 |
|---|---|---|---|---|
| 箱形（水平旗形） | ◯ | ◯ | | |
| 上升旗形 | ◯ | ◯ | | ◯ |
| 下降旗形 | ◯ | ◯ | ◯ | |
| 對稱收斂三角形 | ◯ | ◯ | | |
| 上升收斂三角形 | ◯ | ◯ | | |
| 下降收斂三角形 | ◯ | ◯ | | |
| 對稱擴散三角形 | ◯ | ◯ | | |
| 上升擴散三角形 | ◯ | ◯ | | |
| 下降擴散三角形 | ◯ | ◯ | | |
| 收斂上升楔形 | ◯ | ◯ | | ◯ |
| 收斂下降楔形 | ◯ | ◯ | ◯ | |
| 擴張上升楔形 | ◯ | ◯ | | ◯ |
| 擴張下降楔形 | ◯ | ◯ | ◯ | |
| 菱形 | ◯ | ◯ | | |

# 水平箱形

## 走勢的特點

請看《圖4-1》，水平箱形一般稱為「箱形」或是「矩形」，也可以稱為「水平旗形」，意思是屬於走平的一面旗子。本型態是指在某一段時間內，利用趨勢線的切法，可以取出上下兩條水平頸線包覆住當時的整理走勢，此時便可以將其走勢定位成水平箱形的整理型態。

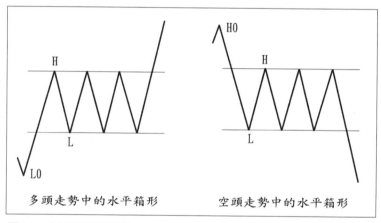

多頭走勢中的水平箱形　　　空頭走勢中的水平箱形

圖4-1　水平箱形的型態

本型態又稱為「**整理型態之母**」，原因並非它很常出現或是非常重要，而是因為剛開始假設任何整理走勢時（包含反轉型態），都是以水平箱形為基礎，然後再根據實際走勢調整為其他型態。一般人認為《型態學》是屬於事後諸葛的討論，有部分是源自這個觀念沒有被完整建立。

　　取水平趨勢線時，每一條至少要切過兩個關鍵點，而且越多越好。請注意取線時**以切過上下影線且未切過實體為原則**，當有實體穿越原始畫好的趨勢線時，代表該線需要被調整，那麼實際走勢在股價波動的過程中，就能藉調整的作用而漸漸被分辨出來。

　　形成水平箱形的原因是在當時兩個分屬多空的集團，可能是市場派與公司派，或是投資大眾的自然組合，代表多方的集團，希望在一定的價格附近買進，以堅守多方氣勢；而代表空方的集團，卻希望在某段股價，維持在某個範圍內起伏。經過多空雙方纏鬥，導致另一方失敗後針對整理區間進行突破，此時就代表完成此型態。本型態可以出現在多頭與空頭行進間的整理走勢中，只是不得視為反轉型態。

## 成交量

　　正常而言，成交量將會隨著整理時間的增加而逐漸減少，如果上下區間幅度夠大，依實務操作經驗而論，幅度大約在10%以上時，將會引來短線交易者介入，因此在成交量的變化就會出現臨近上水平頸線時（亦稱為箱頂），爆出較大成交量的現象，同時在臨近下水平頸線時（亦稱為箱底），因為賣壓得到紓解而使成交量出現萎縮。又因為這些短線客介入，中長期走勢所受的影響不大，但卻會造成整理時間延長，好處是整理型態將更容易被辨識。

　　另外一個特點是，在臨近上水平頸線時所爆出的成交量，通常也會呈現遞減的訊號，如果當時原始趨勢是在多

頭,那麼量能的遞減將被視為籌碼逐漸安定,短線客的介入漸漸減少,此時除了觀察「價」的水平頸線是否被突破之外,也可以利用成交量畫出下降趨勢線,觀察量能是否出現增溫的訊號,這時「**量先價行**」就頗具有參考意義。但上述成交量訊號若發生在原始趨勢為空頭的整理當中,則有量能退潮的疑慮。

確認水平箱形整理結束,是以頸線被跌破或突破為觀察,向上突破時宜量增,如果未能增量,則要有假突破的心理準備,至於向下跌破不需要量增,若出現量增則代表殺盤力道較重。在箱形內,成交量的起伏越大,未來跌破或是突破之後所呈現的漲跌幅也有隨著擴大的現象。

## 浪潮與相對位置

在空頭時,出現水平箱形的時機通常可以分為:

一、**當股價走勢進入中期空頭的初期時**,股價已經修正告一段落,進入看似盤底階段,雖然有利多消息,但卻惠而不實,使整理走勢呈現只有撐盤力道卻無多頭實際攻擊走勢。

二、**當股價進入中期空頭的中、末期時**,股價修正暫告結束並進入看似盤底階段,然而當時景氣循環尚差,股價挺升無力,只有護盤力道卻無多頭強攻的意圖,因此往往整理結束之後再修正一個波段。

在多頭時,出現水平箱形的時機通常可以分為:

一、**當股價走勢進入中期多頭的初期時**,股價已經上漲告一

段落，或是突破某一個壓力帶，使走勢進入看似盤頭階
段，且當時市場氣氛尚未完全對多頭有利，投資人對多
頭仍有疑慮存在，但已經有特定人士與先知先覺者先行
卡位，使股價維持在相對高檔的位置震盪。

二、**當股價進入中期多頭的中、末期時，**股價上漲暫告結束
並進入看似盤頭階段，然而當時景氣循環已經進入高峰
期，股價修正幅度不大，空頭無積極打壓意願，此時業
內人士與後知後覺者會嘗試介入，因此往往整理結束之
後會再上漲一個波段。

如果利用《測量學》中的黃金螺旋進行估算，發生中繼
型態的相對位置，通常會穿越重要的比例，比如：2.618、
4.236這些關鍵比例，少部分會穿越1.618、3.236或5.236這些
比例。

就浪潮的定位而言，出現水平箱形通常被定位在#−2波
或是#−4波，而且所處的波浪位置都是屬於**攻擊波當中居
多，**比如是第3大波中的第2小波或是第4小波，空頭則是出
現在C波中的第2小波或是第4小波。極少部分會被定位在B
波的走勢當中，成為A波與C波走勢的中繼型態。至於水平
箱形中的震盪，則建議不需要進行波浪的區分，因為進行區
分的實際收益不大，而不是不加以區別。

## 幅度測量

本型態的測量方法有四種，分述如下：
一、利用《箱型理論》的跳箱原理，進行疊箱的計算。

二、利用《N型理論》進行等幅槓桿的計算，如圖中標示，多頭的目標＝H＋L−L0，空頭的目標＝H＋L−H0。

三、利用突破點進行等距離測量，如圖中標示，多頭的目標＝箱頂價＋（H−L0），空頭的目標＝箱底價−（H0−L）。

四、利用原始趨勢計算出的黃金螺旋目標，以未完成的目標為參考。

其中第一、四點的用法，請參閱《股價波動原理與箱型理論》（大益出版），裡面有詳細描述。

## 領先買賣點與標準買賣點

本型態的買賣時機以多頭角度進行探討，持空頭角度者請將描述的買點倒過來運用即為賣點。

當股價震盪壓回逢箱底時，呈現量縮價穩的訊號後，逢低進場或是以再出現的多頭攻擊K線，即為領先買進點，利用領先買點訊號進場者，逢箱頂若出現量大不漲，則暗示仍在整理區間之內，宜先退出觀望，就波段操作的角度而言，並不建議投資人在整理型態中利用領先買進訊號進場。

至於本型態的標準進場點，則為多頭以攻擊K線突破上水平頸線時，或是在突破箱頂之後，於回測箱頂時伺機切入。就多頭趨勢中的箱形整理而言，股諺中有所謂「久盤必跌」的道理，故當箱形的型態較大，整理時間拖得太長，卻未能向上突破時，請勿忘記當時利用黃金螺旋測量出的相對位置，所暗示的風險值高低。

## 停損與獲利的定位

如果是利用領先買點進場者，可以利用買進的那筆K線低點或是以箱底價為作多停損點，如果是利用標準買進訊號進場者，無論是買在突破那筆或是回測時買進，都以突破時的那筆為作多停損點。至於獲利出場點，則是只要滿足一個跳箱的幅度就可以獲利了結，但若該箱形的區間幅度很小，那麼應該採用《N型理論》進行計算，或是利用原始測量的黃金螺旋目標為參考。空頭反之亦然。

## 投資策略的擬定與規劃

當股價走勢進入暫時停滯時，投資人心中不免會發出疑問：「會不會真的進入整理？整理時間有多久？幅度又是多少？」事實上這些問題在剛剛進入整理時，並不容易得到答案，縱使有股市分析者可以猜對，那也不過是幸運之神一時眷顧，不代表每次都會對。因此在股價進入整理時，是否應該先行獲利了結？雖然技術分析能夠提供可靠的訊號做為研判，但是並非全部的決定因素。

比如：持股資金比重，操作週期大小，也會影響投資者的策略調整，而這些調整的過程中，無法將技術分析抽離，因此強烈建議投資人，對於相對位置的研判必須下足功夫。若是以短線波段操作，或是資金部位較小的投資人，在進入整理週期時，建議先實施獲利落袋為安，然後在整理過程時進行等待，並於整理結束之後採取標準買賣點再進場即可。

　　至於資金部位較高的投資人，對於即將進入整理型態的訊號出現之後，若研判進入調整的週期將會較大，可以先將持股的六～七成先獲利了結，留下約三成的基本持股。進入箱形整理後，以三成以下的資金在箱形內短線操作，於箱形整理末端再逐漸買回出脫持股的二分之一，當股價出現向上突破時，再將所有部位補足，停利點則是移動到突破點，萬一跌破停利時，則需分批將持股出脫，退出該股操作。

　　當然，以上是理想的狀況，因為進入整理之後，我們並不清楚走勢會以何種整理型態出現，所以上述策略仍需根據走勢進行調整，況且這些描述不過是基本概念，實務操作上需要調整的空間仍然很大。至於融券賣出的操作與作多買進的操作觀念差異不大，惟跌破箱底之後的回補時機，比多頭更為嚴謹，亦即獲利的預期幅度需要縮減一些比例。

　　另外，投資人要有的認知是：當投入金融市場的金額部位越來越高時，代表所研究的內容需要更加深入，如果仍然抱持著少部位金額操作的觀念，無異是將自己的資金暴露在極高的風險之中。

### ⌖ 實例說明 ⌖

請看《圖4-2》。映泰股價的日線圖，在一個中長期的上漲波動中，從可能是修正結束的低點12.5元開始向上推升股價，當上漲到標示H的位置時股價止漲，開始進入震盪整理的走勢。整理過程可以利用15.8元的低點與17.85元的高點，取出水平頸線觀察，其型態屬於中段整理的水平箱形。請投資人注意！如果股價跌破整理區間，那麼就不是水平箱形，而應該根據走勢將型態歸類成三重頂，但仍需注意走勢有機會出現騙線，尤其是誤判當時的趨勢，以為多頭已經翻轉成空頭走勢。

在水平箱形整理的過程中，若當時成交量的走勢可以取出下降趨勢線觀察，將可以增加研判的可靠度。標示A出現了推升量，但推升無力，股價仍然繼續修正，標示B再度出現推升量，同時也穿越第一條下降趨勢線，雖然股價是中長紅的攻擊K線，卻碰觸到頸線位置後呈現多頭怯戰，繼續拉回修正。

最後在標示C以中長紅的K線突破箱形，成交量也突破第二條下降趨勢線，呈現量價齊揚的技術面，因此上漲攻擊的目標除了可以利用跳箱計算外，也可以使用槓桿進行目標計算＝17.85＋15.8–12.5＝21.55元，此價位在標示C被穿越滿足。如果投資人可以察覺當時中長線多頭走勢尚未結束，則應該根據當時走勢的訊號，改換其他測量工具進行估算可能的目標。

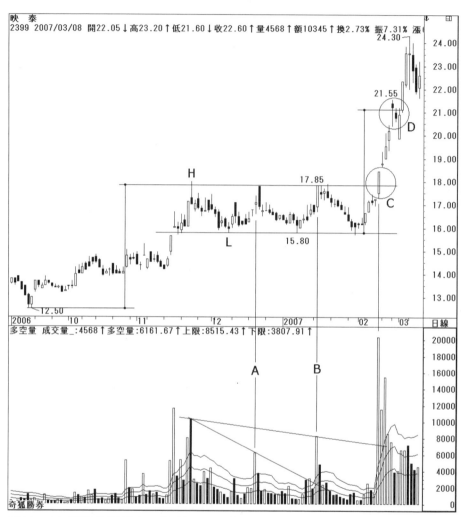

**圖4-2　水平箱形的圖例之一（資料來源：奇狐勝券）**

　　請看《圖4-3》。華南金股價的日線圖，在反彈一個段落
結束、並拉回修正的過程，從19.8元開始出現震盪整理的走
勢，整理過程分別在標示A、B、C出現爆量止漲，最後在標
示D跌破整理區間的下緣，使當時走勢形成水平箱形的型
態，此時可以利用整理之前，明顯的負反轉高點，以槓桿計
算下跌的可能目標，或是利用跳箱原理計算基本的滿足區。

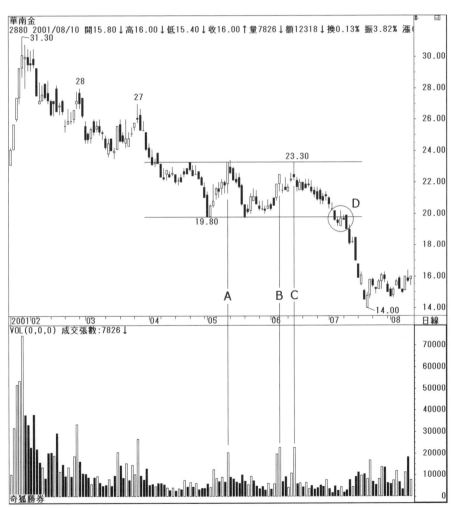

圖4-3　水平箱形的圖例之二（資料來源：奇狐勝券）

主
控
戰
略
型
態
學

請看《圖4-4》。遼通化工股價的日線圖，在定位可能是反彈走勢的過程中，從5.39元開始盤出頭部，在頭部區內，出現多次爆量止漲，這會使頭部被確認的可靠度增加。

在頭部成型之後，股價沒有立刻進入修正，而是出現一個區間的震盪走勢，其型態屬於空頭中的水平箱形。

在標示A的位置先出現類似「**下跌三法**」的K線組合，在標示P的成交量則是暗示量能退潮，代表股價在此盤底反攻的機會不高。

接著在標示B出現中長黑跌破整理區間，此時股價除了要反應頭部下跌的基本測量幅度之外，也會反應利用水平箱形計算的槓桿目標。

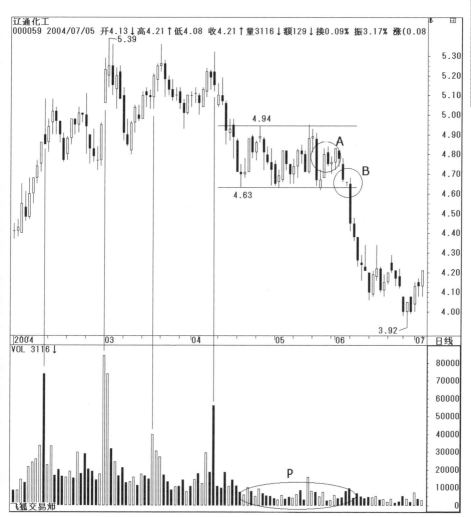

圖4-4　水平箱形的圖例之三（資料來源：飛狐交易師）

　　請看《圖4-5》。鹽田港股價的日線圖，在可能出現另外一段多頭上漲走勢的過程中，從7.02元的低點上漲到8.85元後開始進入震盪，形成一個水平箱形的整理區間，當股價在標示A突破水平箱形後，先震盪測試箱形的支撐，接著於標示B的位置以中長紅向上表態，成交量也配合放大，並突破成交量的下降趨勢線。

　　此時除了可以利用從標示L～8.85元為測量幅度，計算槓桿目標之外，又因為這裡可能是主升段的上攻，故可以利用前波的幅度計算黃金螺旋的目標，標示C、 D即滿足計算的1.618倍與2.618倍。

圖4-5　水平箱形的圖例之四（資料來源：飛狐交易師）

# 上升旗形

## 走勢的特點

請看《圖4-6》，當行情經過一段時間的上漲或是下跌之後，股價走勢進入整理階段，由於多空雙方呈現拉鋸，但是多方略佔上風致使走勢圖以盤堅向上的方式震盪，取其高對高、低對低的切線，形狀類似一個向右上方走勢的平行四邊形，因為外形又與迎風飄揚的旗子一般，故稱為上升旗形，本型態又屬於水平箱形的變化型態。

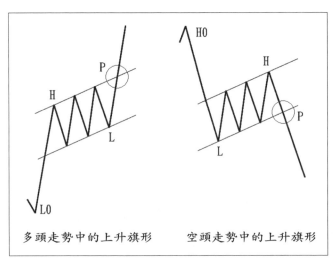

多頭走勢中的上升旗形　　空頭走勢中的上升旗形

圖4-6　上升旗形的型態

上升旗形的走勢可以出現在多頭與空頭過程中，除了可以屬於中繼型態之外，在多頭漲升過程也可以當成多轉空的轉折型態，此部分說明將在反轉旗形中再探討。

## 成交量

雖然上升旗形是以多頭較強的方式向上震盪，其成交量的變化與水平旗形卻相去不遠，亦即在逢上軌道線時，往往會出現較大的成交量，並呈現K線止漲的走勢，如果原始趨勢是屬於多頭，那麼在突破上軌道線時會伴隨較大的成交量，並以中長紅K線表態，若沒有出現相對應的成交量配合，則須提防是否為假突破訊號？除非走勢是量縮收漲停鎖死的惜售盤為例外。在空頭走勢時跌破下軌道線，則無需配合成交量，惟量增有殺較兇的現象。此外，在整理末端的成交量，整體變化以呈現遞減為佳，但並非每一檔股票都會呈現這樣的技術現象。

## 浪潮與相對位置

在空頭時，出現上升旗形的時機，通常可以分為：

一、**當股價走勢進入中期空頭的初期時**，股價已經修正告一段落，進入看似盤底階段，並且出現類似一個底部上攻的走勢，但攻擊力道不強或是未滿足最基本的上漲幅度，便出量止漲壓回，走勢僅維持盤堅上攻，此時的消息面利多，無法刺激多頭出現真正的攻擊。

二、**當股價進入中期空頭的中、末期時**，股價修正暫告結束並進入盤底階段，然而當時景氣循環尚差，股價挺升無力，無法造成強勢攻擊，往往整理結束之後再修正一個波段。

在多頭時，出現上升旗形的時機，通常可以分為：

一、**當股價走勢進入中期多頭的初期時**，股價已經上漲告一段落，或是突破某一個壓力帶，使走勢進入修正走勢，但多頭企圖心強烈使股價繼續創高，卻又逢前波壓力或是上攻力道不足，使股價再度壓回又不破前波谷底，造成股價向上盤堅。

二、**當股價進入中期多頭的中、末期時**，出現本型態的機率較少，但出現後，通常被視為主力開始向上出貨的第一個階段，因此常是股本較大的權值股或是牛皮股的震盪過程中出現，此處出現的走勢容易與反轉走勢混淆，其差異是整理結束突破上軌道線後，至少要滿足一個等距離的平行軌道。

就浪潮的定位而言，出現上升旗形通常被定位在#-2波或是#-4波，而且所處的波浪位置都是屬於**攻擊波當中居多**，比如：第3大波中的第2小波或是第4小波，空頭則是出現在C波中的第2小波或是第4小波。極少部分會被定位在B波的走勢當中，成為A波與C波走勢的中繼型態。

### 幅度測量

本型態的測量方法有四種，分述如下：

一、利用上升型態的平行軌道，向上或向下畫出等距離的平行軌道，進行幅度的估計。

二、利用《N型理論》進行等幅槓桿的計算，如圖中標示，多頭目標＝H＋L－L0，空頭目標＝H＋L－H0。

三、利用突破點進行等距離測量，如圖中標示，多頭目標＝

P＋（H－L0），空頭的目標＝P－（H0－L）。

四、利用原始趨勢計算出的黃金螺旋目標，以未完成的目標
為參考。

## 領先買賣點與標準買賣點

在多頭中出現上升旗形的走勢時，其領先買點在於盤堅
走勢壓回逢前波谷底附近的支撐位置，此法屬於逢低買法，
風險較高；標準買點是以中長紅的多頭表態突破上軌道線時
進場。

在空頭中出現上升旗形的走勢時，最起碼要在第三個峰
頂時，才有領先賣點，其賣點為逢上軌道線時爆量的止漲
點，但此法風險相當高，若對於整理型態與當時時空背景研
判無法恰當掌握者，不建議使用。當以中長黑的空頭表態跌
破下軌道線時，為第一標準賣點，而股價接近旗形的最低點
時（圖中標示L處），因為多頭會嘗試做反彈逃命或搶短動
作，通常會出現短暫的震盪走勢，所以是第二標準賣點。

## 停損與獲利的定位

在多頭時，利用領先買點進場者，其作多停損點宜設定
在前波谷底，利用標準買點進場者，應利用突破上軌道線的
那筆K線低點為作多停損點；在空頭時，如果是利用領先賣
點進場者，宜用當時最高點為作空停損點，而在第一標準賣
點賣出者，其作空停損點為跌破下軌道線的那筆K線高點，
在第二標準賣點進場操作者，則以進場的那筆K線高點為作
空停損點。

至於獲利出場點，無論是多空的哪個市場，只要滿足最小測量幅度便可以獲利了結，或是未到測量幅度卻出現明顯的多、空表態，也要注意是否先行落袋為安？尤其是出現本型態時的波浪相對位置，極有可能是某一個第4小波。

## 投資策略的擬定與規劃

在多頭走勢中出現上升的整理型態，無異是宣告當時行情對多頭是相當有利，所以當出現這種線圖時，應該積極進行對該股基本面的檢視，尤其是該公司產品的景氣循環是否已經從谷底翻揚。而在空頭走勢中，出現上升型態的反彈修正，通常是屬於誘多或是逃命盤，在反彈結束之後將很容易出現重挫走勢，因此無論是在多頭或是空頭中的第2小波時出現，通常會為操作者帶來豐厚利潤。

所以，在操作時應先大致將當時輪廓定位好，對於型態整理的研判才不至於出現誤差，若對於底部就已經進場的投資人而言，其策略可以參考箱形描述，技術分析的研判其實並不困難，真正的困難是在切入與退出的決策，因此在出現中段整理走勢時，空手觀望者因為置身事外，在技術分析的研判上反而最為有利。

這是因為底部進場者在發覺走勢進入修正時，面臨的難題通常是：要出清多少部位？或是不理會短期震盪、或是全部出清？在當時並無標準答案，既沒有人可以知道未來將會以何種型態進行調整，也沒有任何人可以給投資人最佳化建議，為了方便說明，在這裡我們假設投資人在進入整理的當

時已經全部出清持股，與空手的投資人處於相同情境。

　　在一個標準的上升整理型態，根據觀察的經驗與波浪的定位，整理過程最少會出現兩個谷底或是峰頂，正常會出現三個谷底或是峰頂，但也有少部分超過三個以上，在觀察該股歷史走勢圖，略知該股股性是屬於活潑或是牛皮後，再輔以當時加權的時空背景，並約略計算合理的整理時間，便可以注意進場時機。

　　投資人可以先在領先買點出現時逐步佈局，在出現標準買點時將準備投入該股的所餘資金進場，請注意！領先買點之後的震盪過程都可以進場，停損點全部設定在同一個點，標準進場點之後出現震盪也可以進場，停損點也是設在標準買點的停損位置，直到走勢確定脫離盤局之後，再將停損（利）點隨著走勢移動，如果資金部位不大，則不需要考慮這麼多，突破時積極進場，並嚴格執行停損保護自己即可。

### ∾ 實例說明 ∾

請看《圖4-7》。宏泰股價的日線圖，在可能是三波修正走勢的末端，從標示L0開始出現一段多頭上漲的走勢，在標示H的位置進入止漲之後，股價形成盤堅向上的整理模式，其中分別在標示A、B出現兩次暴量止漲訊號，此為確認走勢屬於盤堅的關鍵之一，而其型態應歸類為多頭走勢中的上升旗形。

股價在標示C，以帶量中長紅的多頭攻擊線型突破上軌道線時，便可以利用不同的測量法則，進行未來上漲幅度的估計。圖中畫出與上升旗形軌道互相平行的等距軌道，同時也利用槓桿原理（N型理論）計算，在標示D滿足槓桿等距，而18.4元則是穿越第三個平行軌道後所出現的高點。

如果投資人可以在當時利用波浪與潮汐的觀念，察覺該股的走勢有機會進入中長線的波段上漲，那麼應該改採取波段抱股方式，放棄短線進出的操作方法，以擷取最大波段利潤，而利用潮汐轉浪的概念，理應可以推演到滿足價位約在39元附近，其實股價上漲到39.6元後即進入劇烈的修正，完全符合潮汐的推演法則。但在操作過程中，困難的不是如何推算目標，而是如何面對自己的恐懼與貪婪。

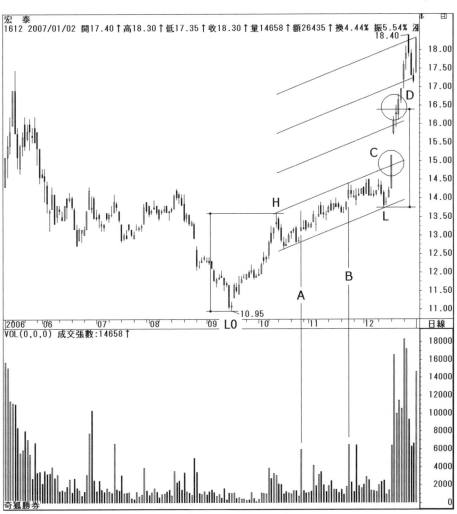

**圖4-7　上升旗形的圖例之一（資料來源：奇狐勝券）**

　　請看《圖4-8》。楠梓電股價的日線圖，在中長線反彈格局結束，且持續下跌的修正過程中，盤出一個上升旗形的整理走勢，其中旗形的最高價是77元，最低價是65元，利用槓桿計算基本跌幅＝77＋65–86＝56元，或利用平行法取等距軌道，都被實際走勢滿足。整理過程中，在標示A、B、C、D所出現的爆量止漲行為，將被視為短線出貨的動作。

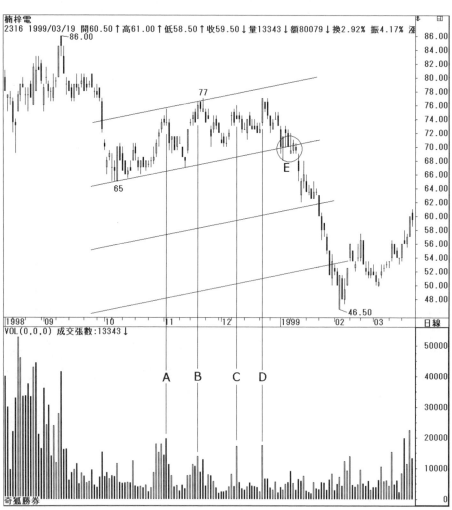

圖4-8　上升旗形的圖例之二（資料來源：奇狐勝券）

　　請看《圖4-9》。深天地A股價的日線圖，在確定屬於多頭上漲的走勢過程中，於標示H的位置止漲進入震盪，形成如標示S這一個區間的上升旗形，在標示A突破上軌道線，並形成真突破的訊號。

　　因此可以利用槓桿計算目標，或是畫出平行等距軌道觀察，在標示B、C、D的位置，分別穿越不同的目標止漲。

　　而15.88元止漲後的修正相當劇烈，為了能妥善掌握可靠的反轉走勢，宜搭配長線的測量方法輔助觀察，以避免被短線強勁的走勢所迷惑。

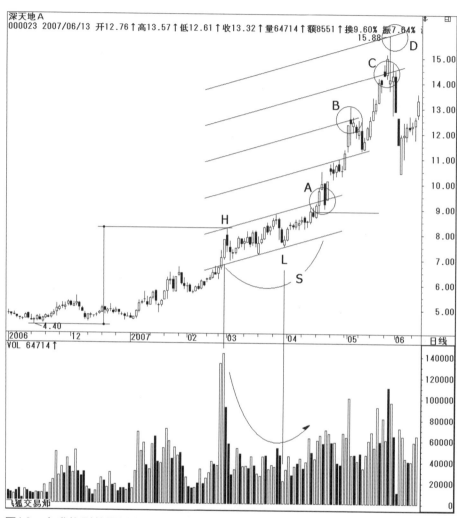

圖4-9　上升旗形的圖例之三（資料來源：飛狐交易師）

　　請看《圖4-10》。農產品股價的週線圖，從3.01元的低點上漲到11.85元的高點時，走勢已經有翻轉成多頭的機會，而從11.85元開始震盪的過程，股價形成了上升旗形的型態。

　　在標示C的位置突破量能的下降趨勢線，接著在標示D以中長紅攻擊走勢突破前波13.29元的平台，也同時突破上軌道線，形成一個明顯的波段上漲。

　　假設我們在週線走勢底定之後才進場操作，恐怕會買在短線上的相對高檔，因此可以考慮在標示C的多頭表態之後，將觀察的線圖轉到日線圖上，亦即如標示A的放大圖所示。

　　在日線圖中標示B的位置突破13.29元的平台時，是以明顯的多頭攻擊來看，當時應在設好停損機制的前提下，進行積極追買的動作。

主控戰略型態學

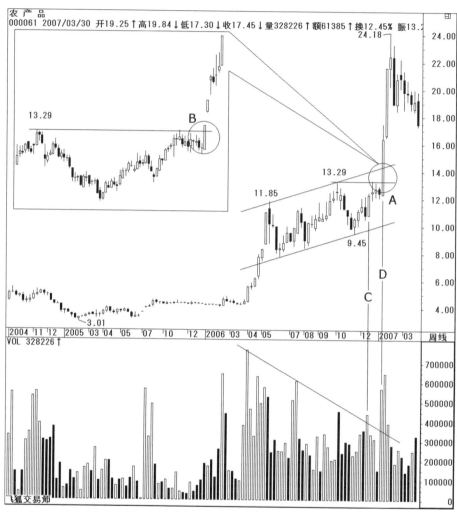

圖4-10　上升旗形的圖例之四（資料來源：飛狐交易師）

　　請看《圖4-11》。S*ST盛潤股價的日線圖，在疑似反彈波的末端，於標示P的位置盤出頭部暗示反彈結束，接著開始出現反彈回測頭部頸線的動作，亦即如標示P的反彈過程，呈現上升旗形的型態。

　　在標示Q的位置，則是顯示成交量沒有隨著走勢向上，出現波段起漲的訊號，故研判屬於中短線反彈或逃命的機率較高，當在標示A跌破下軌道線時，即有機會結束反彈走勢，完成上升旗形的整理。

　　標示B的K線組合則為「**空頭試探**」，暗示股價正式下跌，因此除了利用槓桿計算基本的下跌幅度之外，也可以考慮使用黃金螺旋進行較大波段的測量。

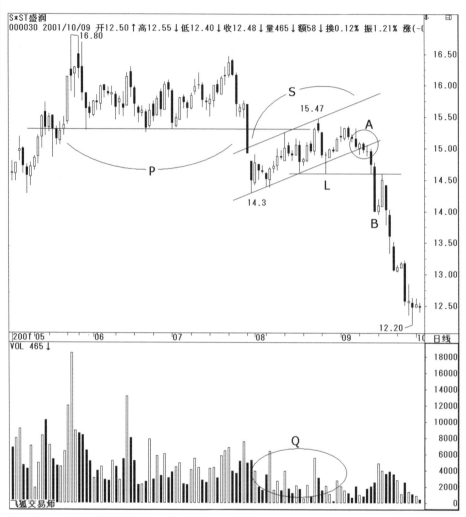

圖4-11　上升旗形的圖例之五（資料來源：飛狐交易師）

# 下降旗形

## 走勢的特點

請看《圖4-12》，當行情經過一段時間的上漲或是下跌之後，股價走勢進入整理階段，由於多空雙方呈現拉鋸，但是空方略佔上風致使走勢圖以盤跌向下的方式震盪，取其高對高、低對低的切線，形狀類似一個向右下方走勢的平行四邊形，因為外形又與迎風飄揚的旗子一般，故稱為「下降旗形」，本型態又屬於水平箱形的變化型態。

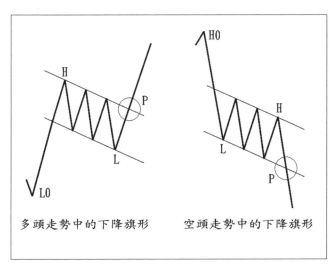

圖4-12　下降旗形的型態

下降旗形的走勢可以出現在多頭與空頭過程中，除了可以屬於中繼型態之外，在空頭下跌過程也可以當成空轉多的轉折型態，這部分的說明將在反轉旗形中再探討。

## 成交量

雖然下降旗形是以空頭較強的方式向下震盪，其成交量的變化與水平旗形卻相去不遠，亦即在逢上軌道線時，往往會出現較大的成交量並呈現K線止漲的走勢，如果原始趨勢是屬於多頭，那麼在突破上軌道線時會伴隨較大的成交量，並以中長紅K線表態，若沒有出現相對應的成交量配合，則須提防是否為假突破訊號？除非走勢是量縮收漲停鎖死的惜售盤則是例外。在空頭走勢時跌破下軌道線，則無需配合成交量，惟量增有殺得較兇的現象。而在整理末端的成交量，整體變化以呈現遞減為佳，但並非每一檔股票都會呈現這樣的技術現象。

## 浪潮與相對位置

在空頭時，出現下降旗形的時機，通常可以分為：

一、**當股價走勢進入中期空頭的初期時**，股價已經修正告一段落，進入看似盤底階段，但沒有出現底部型態，股價反而再創新低，創低後也不進行持續下跌卻出現反彈，形成向下盤跌的震盪走勢，整個過程沒有出現任何一絲多頭想要攻擊的意圖，故以空方佔優勢論之。

二、**當股價進入中期空頭的中、末期時**，股價修正暫告結束並進入盤底階段，但消息面不佳，市場氣氛處於悲觀的狀態，使股價無力挺升，底部無法成型並造成盤跌走勢，最後再破線修正一個波段。

在多頭時，出現下降旗形的時機，通常可以分為：

一、**當股價走勢進入中期多頭的初期時**，股價已經上漲告一段落，或是突破某一個壓力帶，使走勢進入修正走勢，因為獲利了結的賣壓較大，也有短線逢高融券賣出的操作者進場，造成股價回檔走勢明顯，但卻沒有重挫，反而以盤跌走勢出現，代表多頭還有撐盤企圖，但暫時無攻擊意願。

二、**當股價進入中期多頭的中、末期時**，因為漲升幅度已大，獲利了結的賣壓加劇，但業內人士與後知後覺的投資人卻把握逢低可以進場的良機，嘗試在下跌時以買黑不買紅的策略進場，然而卻無積極追價之意圖，所以使走勢呈現盤跌修正。

就浪潮的定位而言，出現下降旗形通常被定位在#−2波或是#−4波，而且所處的波浪位置都是屬於攻擊波當中居多，比如：是第3大波中的第2小波或是第4小波，空頭則是出現在C波中的第2小波或是第4小波。極少部分會被定位在B波的走勢當中，成為A波與C波走勢的中繼型態。

## 幅度測量

本型態的測量方法有四種，分述如下：

一、利用下降型態的平行軌道，向上或向下畫出等距離的平行軌道，進行幅度的估計。

二、利用《N型理論》進行等幅槓桿的計算，如圖中標示，多頭目標＝H＋L−L0，空頭目標＝H＋L−H0。

三、利用突破點進行等距離測量，如圖中標示，多頭目標＝P＋（H−L0），空頭目標＝P−（H0−L）。

四、利用原始趨勢計算出的黃金螺旋目標，以未完成的目標
　　為參考。

## 領先買賣點與標準買賣點

　　在多頭中出現下降旗形的走勢時，最起碼要在第三個波
谷時，才有領先買點，其買點為逢下軌道線時量縮的止跌
點，但此法風險較高，若對於整理型態與當時時空背景研判
無法恰當掌握者，不建議使用。當以中長紅的多頭表態突破
上軌道線時，**為第一標準買點**，而股價接近旗形的最高點時
（圖中標示H），因為空頭會嘗試打壓，或是多頭利用短線震
盪進行沉澱籌碼與清洗浮額的動作，此時**為第二標準買點**。

　　在空頭中出現下降旗形的走勢時，其領先賣點在於盤跌
走勢反彈逢前波峰頂附近的壓力位置，此法屬於**逢高賣法**，
風險較高；標準賣點在以中長黑的空頭表態跌破下軌道線時
融券賣出。

## 停損與獲利的定位

　　在多頭時，如果是利用領先買點進場者，宜用當時最低
點為作多停損點，而在第一標準買點買進者，其作多停損點
為突破上軌道線的那筆K線低點，在第二標準買點進場操作
者，則以進場的那筆K線低點為作多停損點；在空頭時，利
用領先賣點進場者，其作空停損點宜設定在前波峰頂，利用
標準賣點進場者，應利用跌破下軌道線的那筆K線高點為作
空停損點。

　　至於獲利出場點，無論是在多空的哪個市場，只要滿足最小測量幅度便可以獲利了結，或是未到測量幅度但卻出現明顯的多、空表態，也要注意是否先行落袋為安？尤其出現本型態時的波浪相對位置，極有可能是某一個第4小波。

## 投資策略的擬定與規劃

　　請參閱上升旗形的說明。

### ～ 實例說明 ～

　　請看《圖4-13》。建漢股價的日線圖，在多頭走勢過程中，上漲到76.5元出現止漲，並進入震盪拉回的修正走勢，形成一個下降旗形的修正型態，當修正走勢可能結束時，在標示A、B的位置，量能開始增溫並出現推升量，最後在標示C突破上軌道線，只是量能雖然呈現推升量，但是量能沒有突破下降趨勢線，故視為量增不足，最好能在後續走勢補量讓股價持續上攻，以確認多頭的氣勢。

　　而標示D的成交量突破量能的下降趨勢線，且對應的K線持續日出，故這是屬於補量上攻的標準走勢之一，因此可以假設股價將往上攻堅，同時利用槓桿的方法計算目標，在標示E的位置穿越滿足後，股價再度進入修正走勢。

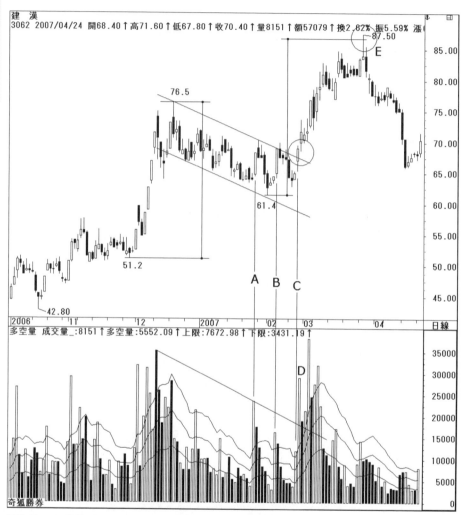

圖4-13　下降旗形的圖例之一（資料來源：奇狐勝券）

　　請看《圖4-14》。匯僑股價的日線圖，在空頭走勢的過程中，從14.2元開始呈現下降旗形的型態，整理的過程中，標示A、B、C、D分別出現爆量止漲，在空頭的整理型態中出現這樣的訊號，將被定位成為短線出貨。在標示E跌破下軌道線，使整理型態被確認。又因為定位型態的終點在16.7元，故下跌等幅目標＝14.2＋16.7－24.2＝6.7元，在標示F被滿足，符合測量學中基本的要求。

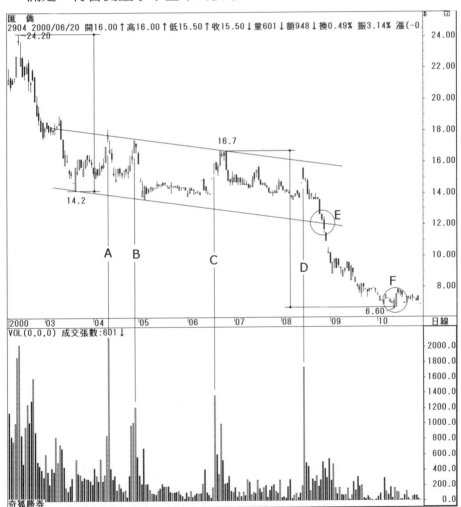

圖4-14　下降旗形的圖例之二（資料來源：奇狐勝券）

　　請看《圖4-15》。泛海建設股價的日線圖，在多頭上漲的走勢中，從29.04元開始出現下降旗形的整理，型態的終點發生在22.89元，並在標示A突破上軌道線，利用《N型理論》的槓桿法則計算目標＝29.04＋22.89－15.31＝36.62元，股價滿足目標後在39.8元止漲，並進入短線修正。

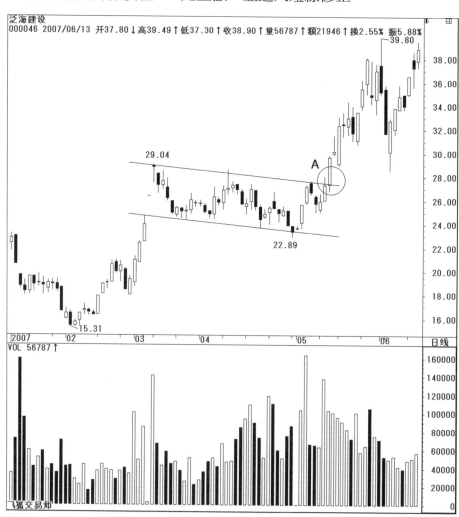

圖4-15　下降旗形的圖例之三（資料來源：飛狐交易師）

　　請看《圖4-16》。中信海直股價的日線圖，在空頭下跌
的走勢中，從標示L開始出現下降旗形的整理，型態的終點
發生在標示H，當股價跌破下軌道線時，除了可以利用《N
型理論》的槓桿法則計算目標之外，也可以利用與型態軌道
互相平行的等距軌道線，觀察股價波動與可能的目標區。

圖4-16　下降旗形的圖例之四（資料來源：飛狐交易師）

主控戰略型態學

　　請看《圖4-17》。銀基發展股價的日線圖，其14.18元的價位，懷疑可能是某一段反彈走勢的末端，在修正過程中，走勢從11元開始屬於下降旗形的整理型態，最後在標示A跌破下軌道線，槓桿目標可以使用H的高點計算，也可以利用14.18元計算＝11＋11.99－14.18＝8.81元，顯然當時修正的最低點8.5元，符合了《測量學》計算。

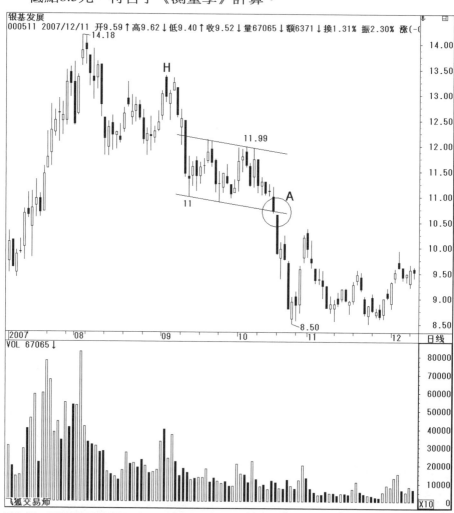

圖4-17　下降旗形的圖例之五（資料來源：飛狐交易師）

# 反轉旗形

## 走勢的特點

請看《圖4-18》，當行情經過一段長時間的上漲或是下跌之後，股價走勢可能進入最終階段，並呈現多空雙方的拉鋸戰，在多頭走勢的末端時，以多方較強的盤堅模式逐漸攻堅，形成上升旗形的型態，最後跌破上升趨勢線，使走勢出現反轉，或是在空頭走勢的末端時，以空方較強的盤跌模式不斷創低，形成下降旗形的型態，最後突破下降趨勢線，使走勢出現反轉，此時就可以稱此旗形為「反轉旗形」。

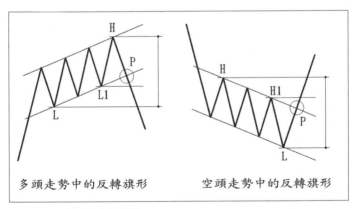

多頭走勢中的反轉旗形　　　空頭走勢中的反轉旗形

圖4-18　反轉旗形的型態

## 成交量

反轉旗形與所有旗形一樣，在逢上軌道線時，通常會出現較大的成交量並呈現K線止漲的走勢，如果是進行多轉空型態，那麼跌破上升趨勢線時毋須配合成交量，但要注意量

增殺得兇的技術現象；如果是進行空轉多型態，那麼突破下降趨勢線時就需要以量增中長紅進行表態。而在整理末端的成交量，整體變化以呈現遞減為佳，但並非每一檔股票都會呈現這種技術現象。

## 浪潮與相對位置

在空頭走勢時會出現反轉旗形，代表當時走勢曾經出現：

(1)測試長線重要支撐。

(2)滿足長線黃金螺旋測量的目標。

(3)中級以上的修正已經進入尾聲。

而此時的反轉旗形，將可以被視為另外一種特殊的盤跌進貨模式。

在多頭走勢時會出現反轉旗形，代表當時走勢曾經出現：

(1)挑戰長線重要壓力。

(2)滿足長線黃金螺旋測量的目標。

(3)中級以上的反彈已經進入尾聲。

而此時的反轉旗形，將可以被視為盤堅型的出貨模式。

反轉旗形屬於特殊的反轉型態之一，當出現屬於中段整理走勢模樣的反轉型態時，縱使當時波浪的定位雖然與原始趨勢相同，但已經是強弩之末，所以是某一個第5小波，或是可以定位成某一個B波。

## 幅度測量

　　**空頭走勢**中，當在標示P的位置突破下降趨勢線時，代表走勢即將進入反轉，或以真突破模式突破圖中標示H1的高點時，為型態完成的確立點，同時代表未來將會先行挑戰標示H的高點，當H的高點被挑戰之後，沒有出現空頭轉強的走勢，就代表反彈將會持續，其預估的目標＝H×2－L。

　　**多頭走勢**中，當在標示P跌破上升趨勢線時，代表走勢即將進入反轉，或以真跌破模式跌破圖中標示L1的低點時，為型態完成的確立點，同時代表未來將會先行測試標示L的低點，當L的低點測試結束之後，沒有出現多頭轉強的走勢，就代表修正將會持續，其預估的目標＝L×2－H。

## 領先買賣點與標準買賣點

　　**股價在進入多頭走勢末期**，研判該位置有機會進入盤頭，但是股價仍然維持盤堅創高走勢，此時就必須針對走勢的高低點畫出趨勢線或是軌道線，進行是否會形成反轉型態的研判。

　　當股價跌破下軌道線時（圖中標示P），為領先賣出訊號，跌破標示L1的低點時為標準賣出訊號。當股價修正到標示L的低點時，將會出現暫時的止跌現象，或是進行反彈，而在止跌失敗或是反彈無力之後的止漲點，為再賣出訊號。

**股價在進入空頭走勢末期**，研判該位置有機會進入盤底，但是股價仍然維持盤跌創低走勢，此時就必須針對走勢高低點畫出趨勢線或是軌道線，進行是否會形成反轉型態的研判。

當股價突破上軌道線時（圖中標示P），為領先買進訊號，突破標示H1的高點時為標準買進訊號，當股價反彈到標示H的高點時，將會出現暫時的止漲現象，或是進行回檔，而在止漲失敗或是回檔修正結束之後的止跌點，為再買進訊號。

## 停損與獲利的定位

在多頭行情可能結束時，利用領先賣點或是標準賣點進行融券操作者，其停損點定位在跌破的那筆K線高點，如果是利用再賣出點進場操作者，原則上停損點設在當時的負反轉高點。而獲利點則需要分段進行，因為走勢剛剛進入反轉階段，就中期走勢而言，必須經歷波段反彈（逃命）與浪潮反彈（逃命）的過程，比如：以領先賣點與標準賣點進場者，臨近標示L的谷底時就必須注意回補時機，除非直接摜破支撐沒有任何止跌跡象。

在空頭行情可能結束時，利用領先買點或是標準買點進行作多買進者，其停損點定位在突破的那筆K線低點，如果是利用再買進點進場操作者，原則上停損點設在當時的正反轉低點。而獲利點則需要分段進行，因為走勢剛剛進入反轉階段，就中期走勢而言，必須經歷波段修正（洗盤）與浪潮回

檔（洗盤）的過程，比如：以領先買點與標準買點進場者，臨近標示H的峰頂時就必須注意賣出時機，除非直接突破壓力沒有任何止漲跡象。

## 投資策略的擬定與規劃

當股價走勢有機會形成多轉空的反轉旗形時，跌破趨勢線的那筆雖然是領先賣出訊號，但在多頭剛剛要轉入空頭走勢時，並不是跌破上升趨勢線就會讓股價一瀉千里，通常會出現反彈，因此在此處進行融券操作者，常常會遇到技術上需要面臨停損的情況，同時也會發現在停損後股價才出現重挫，這是在反轉位置進行操作的尷尬之處。

所以保守的操作者，可以等待再賣出訊號再進行操作，因為這時的反轉型態往往會複合成頭部型態，而再賣出訊號相對就是頭部完成的訊號附近，此時才積極操作，不失為最佳選擇。如果一定要操作下跌的第一段，那麼就只有提高停損點設定，或是將操作策略修改成為跌破趨勢線後的反彈再逢高放空，而放空參考點則為第一段下跌的某一個壓力點。

至於空轉多的策略，只要將上述反過來使用即可。

## ～ 實例說明 ～

請看《圖4-19》。佳能股價的日線圖,在對多頭有利的潮汐推動下,出現了中級的空頭修正。在修正的末端,走勢進入盤跌,形成了下降旗形的型態。當該型態的下軌道線被空方走勢跌破時,暗示股價將會持續修正,假設下軌道線沒有被跌破,反而出現股價以多頭攻擊訊號突破上軌道線,就可以推論股價有機會形成反轉,形成另一個次級的反彈波動,或是已經扭轉空頭修正,使走勢往多頭潮汐的方向推動。

在圖中,標示A突破了上軌道線,就代表股價走勢可能對多頭開始有利,也就是這個下降旗形,將先被定位是反轉旗形,同時也意味著在正常情形下,股價將會挑戰標示H高點。當在標示B突破整理型態的最高點H之後,則是代表這個整理型態的空頭力道已經被破壞,所以確定是反轉旗形,後續股價進入整理過程,只要沒有破壞多頭結構,投資人應該伺機切入,並觀察是否有機會出現多頭潮汐的推動。

主控戰略型態學

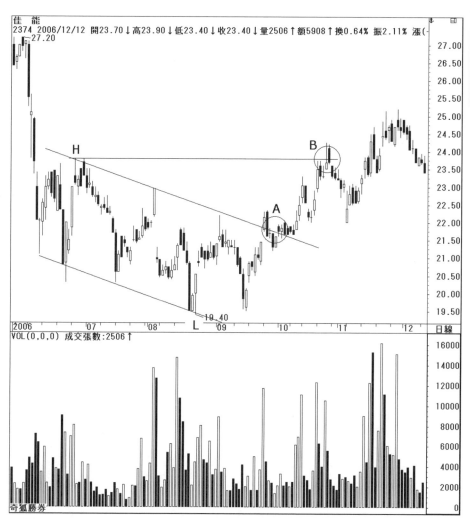

圖4-19 反轉旗形的圖例之一（資料來源：奇狐勝券）

　　請看《圖4-20》。增你強股價的日線圖，在可能是某一段反彈走勢的末端，股價在標示A滿足以L～H為計算黃金螺旋的5.236倍，在標示B則是滿足6.854倍，這段時間屬於盤堅上漲，走勢型態屬於上升旗形，在標示C跌破下軌道線，暗示該型態有機會形成反轉旗形，同時標示E的大量將被定位為出貨量，走勢正常而言，會先往標示L0的位置測試，當L0被跌破後，便可以確認該型態屬於反轉旗形，未來出現的反彈如果弱勢，代表股價將會持續向下修正。

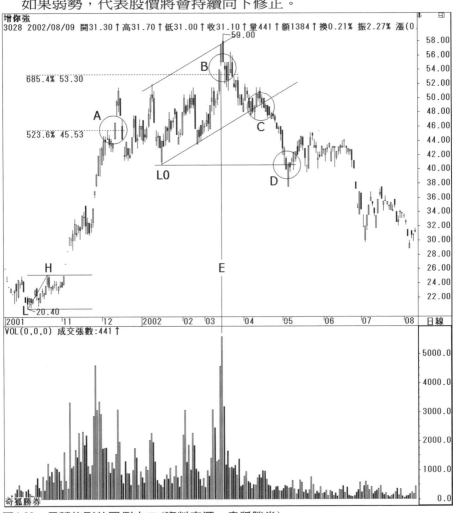

圖4-20　反轉旗形的圖例之二（資料來源：奇狐勝券）

　　請看《圖4-21》。小天鵝A股價的日線圖，在多頭上漲的走勢過程中，在標示A的位置穿越以初升段為黃金螺旋測量的2.618倍，股價開始進入盤堅震盪走勢，形成一個上升旗形的型態，在標示B跌破型態的下軌道線，因此該型態屬於反轉旗形。

　　依據型態的慣性，走勢將會先測試當時最後一個小波段上漲的起點，或是整理型態的起點，也可以先取一個等距的平行軌道觀察。

　　從走勢圖中可以發現，股價滿足一個等距的平行軌道之後，立即出現拉抬走勢，並且在標示C穿越以初升段為黃金螺旋測量的3.236倍後，股價再度進入修正，從這樣的走勢變化來看，該型態雖然屬於反轉旗形，但是只針對前波上漲進行修正，意思是緩和當時多頭過熱的氣氛，未來股價的走勢若沒有出現多空反轉訊號，就代表多頭在休息之後，仍然要往初升段的其他黃金螺旋目標進行挑戰。

圖4-21 反轉旗形的圖例之三(資料來源：飛狐交易師)

　　請看《圖4-22》。粵高速A股價的日線圖，從12.73元的高點向下修正，在修正的末端出現一個類似反轉旗形的型態，此意味著波浪中的修正A波可能會在此結束，其中標示A的位置突破上軌道線，與標示B突破型態的起點，即代表修正到此告一段落，股價即將進入反彈走勢。

　　又因為股價在標示B的突破呈現真突破訊號，暗示只要守住當時支撐，股價將會先滿足等距目標，亦即標示C的位置，當時爆出的成交量，因為架構在當時可能是波浪中B波的反彈，故定位是短線出貨量或是主力逃命量，

　　至於反彈走勢的結束點在何處？除了利用反彈開始的走勢進行預估之外，也可以利用12.73元～6.93元這一段距離計算黃金分割空間觀察。

圖4-22　反轉旗形的圖例之四（資料來源：飛狐交易師）

# 對稱收斂三角形

## 走勢的特點

　　請看《圖4-23》，對稱收斂三角形一般稱為「收斂三角形」、「對稱三角形」，或是簡稱為「三角形」，當股價走勢進入整理時，股價震盪的幅度逐漸減少，形成高點越來越低、低點越來越高的走勢，利用高點與高點、低點與低點所連接起來的的切線，形成上下兩條趨勢線的角度大約相等，其延長線交會於線圖的右側，而兩條趨勢線的夾角為銳角，所以有人稱為「銳角三角形」。

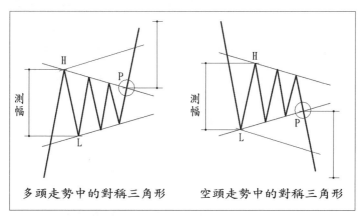

圖4-23　對稱收斂三角形的型態

　　根據《波浪理論》的描述，標準的走勢是每個段落與前一個段落的比例約為0.618倍，但在型態的探討上只要符合收斂走勢即可。而有部分技術分析人士宣稱：當走勢呈現三角形整理時，股價會在距離兩條趨勢線交會的尖端，大約三分

之二～四分之三處突破或跌破，其力道的反應會較為明顯，若超過這樣的距離才突破或跌破，其效用將會大減；或者說，盤整到趨勢線的交會處將會產生走勢的變化。然而就實際操作經驗得知，無論是三角形或是楔形突破、跌破的時間，並無定論，所以請投資人參考即可，不必將這樣的說法列為必要條件。

至於形成三角形的原因，大多是股價走勢在明顯的上漲之後，市場的價格與成交量的波動力道減緩，使股價走勢形成一個橫向運動。在橫向整理過程中，無論是屬於多方或是空方操作的投資人，進場的意願不足且採取觀望態度，導致走勢波幅逐漸縮小，成交量也隨著走勢呈現萎縮，當價格與量能沉澱到一定程度之後，只要出現稍微放大的力道介入，便會破壞整理過程中的平衡，並使走勢出現劇烈變化，這也是技術面中所謂的「**推擠現象**」。而本型態可以出現在多頭與空頭行進間的整理走勢中，只是不得視為反轉型態。出現類似三角形的反轉型態，請以三重頂(底)或是其他複合式的頭部(底部)進行研判。

## 成交量

正常而言，三角形的成交量將會隨著整理時間增加而逐漸減少，但在型態內的整理過程中，通常股價止漲點會出現量增的情形，而止跌點則是呈現量縮。在空頭走勢中，型態內的整理依然會依循上述原則進行，確認整理結束則是以明顯中長黑跌破上升趨勢線為佳，但是不必量增配合，只是出現量增則代表殺盤力道較重。

在多頭走勢中，確認整理結束則是以**下降趨勢線被突破**為觀察重點，突破時宜**呈現量增中長紅的技術訊號**，如果未能增量，就要有假突破的心理準備，或是在後續走勢補量上攻化解不利多頭的現象，量縮漲停則為惜售盤，可以不需要爆量，萬一爆量漲停反而有趁機出貨的疑慮（其他型態同理可證）。在整理過程中，也可以取出整理型態內的大量高點，畫出量能的下降趨勢線，輔助觀察量增突破的情形。

## 浪潮與相對位置

就浪潮的定位而言，出現收斂三角形通常被定位在#–4波居多，而且所處的波浪位置都是屬於攻擊波當中，比如：第三大波中的第4小波，空頭則是出現在C波中的第4小波。極少部分會被定位在B波或是第2小波的走勢當中，前者成為A波與C波走勢的中繼型態，後者則是代表可能暗藏了特定的轉機。至於收斂三角形中的震盪該如何分浪，請參閱《主控戰略波浪理論》（寰宇出版）中的說明。

## 幅度測量

本型態的測量方法有四種，分述如下：

一、在多頭時，經過型態最高點H畫一條與上升趨勢線平行的軌道，股價碰觸到該平行線時即為目標滿足；在空頭時，經過型態最低點L畫一條與下降趨勢線平行的軌道，股價碰觸到該平行線時即為目標滿足。

二、利用《N型理論》進行等幅槓桿的計算，如圖中標示，多頭目標＝H＋L–起漲低點，空頭目標＝H＋L–起漲高點。

三、利用突破點進行等距離測量，如圖中標示，多頭的目標＝P＋（H–L），空頭的目標＝P–（H–L）。

四、利用原始趨勢計算出的黃金螺旋目標，以未完成的目標
　　為參考。

## 領先買賣點與標準買賣點

　　在多頭走勢中，當股價走勢疑似將完成三角形，即在明
顯的第三個谷底後，以中紅量增的多頭攻擊走勢表態時，為
領先買進訊號。而在突破下降趨勢線，與突破後再回測該趨
勢線時，為標準買進點。利用領先買進訊號者，代表後市應
該接著出現突破下降趨勢線的訊號，如果沒有出現該訊號卻
又有轉弱的跡象，則應有錯判領先買點的心理準備。

　　在空頭走勢中，請將描述的買點倒過來運用即為賣點。

## 停損與獲利的定位

　　如果是利用領先買點進場者，可以利用買進的那筆K線
低點或是以買進點當時的波谷為作多停損點，如果是利用標
準買進訊號進場者，無論是買在突破那筆或是回測時買進，
都以突破時的那筆為作多停損點。至於獲利出場點，只要滿
足測量幅度中最小的測幅就可以獲利了結。空頭反之亦然。

## 投資策略的擬定與規劃

　　當走勢出現三角形的整理型態時，其相對位置可能是
#–2波、#–4波或#–B波，其中以出現在#–2波的機率較低，
這同時也告訴我們，在三角形收斂之後出現的攻擊走勢，是
末升段或是末跌段的機率較高，因此在切入操作三角形整理
結束之後的走勢時，必須有隨時結束原始趨勢，並進入反轉

的心理準備，通常這次的反轉會針對上一個趨勢進行全波修正，且通常會滿足《對分理論》。

《對分理論》根據層級的不同，影響程度也會大小有別。一般而言，可以針對空間與時間進行對分，在運用時，以**價格的對分為優先考慮**。比如：當股價從10元上漲到100元，並從100元反轉向下修正，那麼對前一波全波進行修正時，即為針對10元上漲到100元這一段，修正的基本幅度便會滿足對分理論，也就是會修正到(10＋100)÷2＝55元附近。

因此，操作三角形整理結束後的最後那段走勢，除了要有隨時結束原始走勢的心理準備之外，同時也要有未來可能修正或反彈幅度多寡的概念，以督促自己的操作勿存鴕鳥心態，導致未能及時退出，最後蒙受對分修正的虧損。

## 型態的變化

請看《圖4-24》，在《波浪理論》中，非常嚴謹的定位三角形走勢會呈現abcde五個小波，但在《型態學》中只要

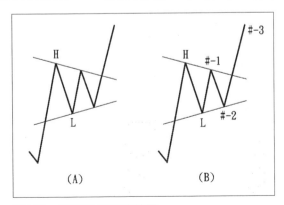

圖4-24　型態與波浪的差異

呈現三角形收斂的形狀即可，縱使只有如圖中（A）所示三波也能夠被接受，但建議投資人出現這樣的圖形時，應以圖中（B）所標示的波浪定位進行假設。

## ❧ 實例說明 ❧

請看《圖4-25》。燁興股價的週線圖，在長期的空頭走勢中，從標示L的低點開始出現反彈走勢，這段反彈逐漸形成一個收斂三角形的整理型態，而在型態的整理過程中，標示A、B、C的位置均對應到股價高點，且出現爆量的訊號，使型態的可靠度更加提高，最後在標示D跌破上升趨勢線，使收斂三角形的型態得到確認，此時利用測量法則便可以預估未來股價可能的下跌目標。

可以先利用經過標示L的谷底，並與型態中的下降趨勢線平行，取出一條軌道線進行觀察，在標示E穿越滿足，甚至多跌了一些距離。當發生這樣的情形並非測量方法出現錯誤，而是股價本來就會依循自己的路線前進，預估的目的只是評估風險與協助擬定策略。

而股價在標示E穿越基本的目標之後，反彈到標示F正好逢原軌道線止漲，雖然這條線出現了類似中心線的用法，但並非每一檔股票或是每次破線都會呈現這種技術現象，請投資人在運用時應該隨著實際走勢的變化進行調整。除了上述的測量方法之外，另外一種基本的測量是以型態的最大幅度，從跌破的點往下扣減等距離，標示G則是滿足這個方法的估算。

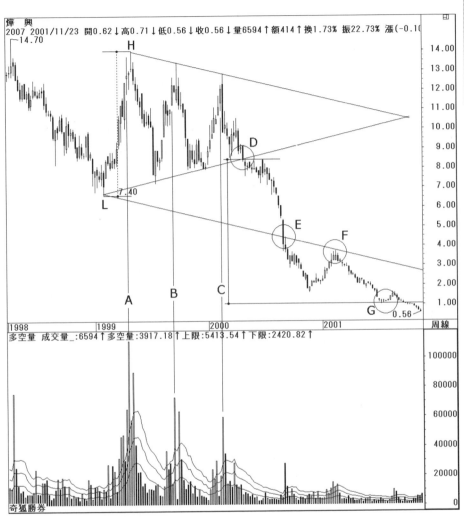

圖4-25　收斂三角形的圖例之一（資料來源：奇狐勝券）

請看《圖4-26》。長榮股價的週線圖，在中級的多頭走勢被確定之後，股價開始進入震盪整理，並逐漸形成一個收斂三角形的型態，在收斂整理的末端，出現如標示A的中長紅K線，且成交量也突破量能的下降趨勢線，暗示整理型態有可能被結束，隨後在標示B的位置突破價格的下降趨勢線，至此，三角形收斂的型態才被確認完成。

在突破之後，我們才利用測量法則進行預估，股價未來可能上漲的目標，從圖中可以發現，在標示C的位置穿越與上升趨勢線平行的軌道線，在標示D的位置則是滿足型態的等距離測量，或是利用《N型理論》進行槓桿計算＝28.7＋19.9–9.4＝39.2元，而股價則是上漲到40.7元後，結束這個波段的上漲。

**圖4-26 收斂三角形的圖例之二(資料來源:奇狐勝券)**

　　請看《圖4-27》。匯源通信股價的日線圖，在可能是中級上漲走勢的過程中，股價從13.62元開始拉回修正。針對當時的線圖，一般而言，我們會先規劃修正走勢是以ABC三波的模式進行。

　　因此在標示L點之後的反彈，就會先假設是一個B波的反彈走勢。而這段反彈隨著時間逐漸形成一個三角形收斂的模樣，最後在標示A跌破，使型態成立同時宣告反彈結束，在當時便可以利用《測量學》進行預估修正可能結束的點位，從圖中可以發現，在標示B的位置穿越與下降趨勢線平行的軌道線，符合股價波動的慣性。

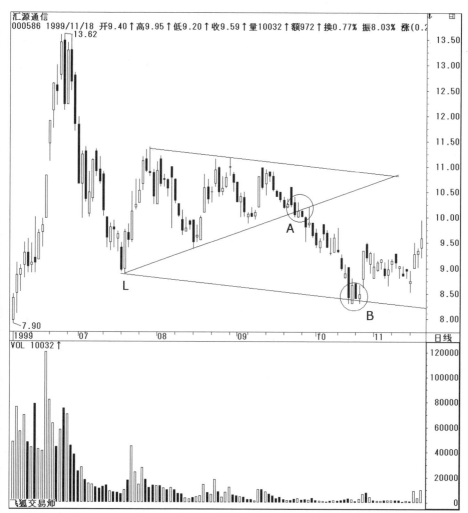

圖4-27　收斂三角形的圖例之三（資料來源：飛狐交易師）

主控戰略型態學

　　請看《圖4-28》。ST鹽湖股價的日線圖，在一個中長期的下跌走勢過程中，從標示L開始進入反彈，整理過程中，呈現一個收斂三角形的整理型態，在標示A的位置跌破上升趨勢線使型態得到確認，在標示B穿越與下降趨勢線平行的軌道線，在標示C則是滿足型態的等距離測量。

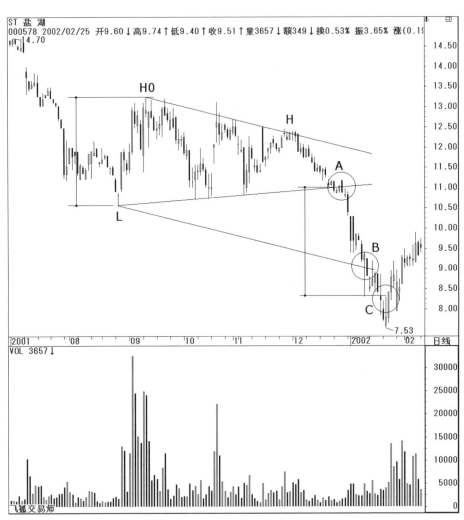

圖4-28　收斂三角形的圖例之四（資料來源：飛狐交易師）

　　請看《圖4-29》。津濱發展股價的週線圖，在中級的多頭走勢被確定之後，股價開始進入震盪整理，並逐漸形成一個收斂三角形的型態，在收斂整理的末端，出現如標示A的K線突破下降趨勢線，但是K線型態留了比較長的上影線，看似對多頭較為不利，然而股價在之後的震盪卻仍然維持真突破的訊號，因此再度出現標示B的攻擊K線時，通常就是波段攻擊的起點，當時的成交量也正好三度突破量能的下降趨勢線，更提高攻擊走勢的可靠性。

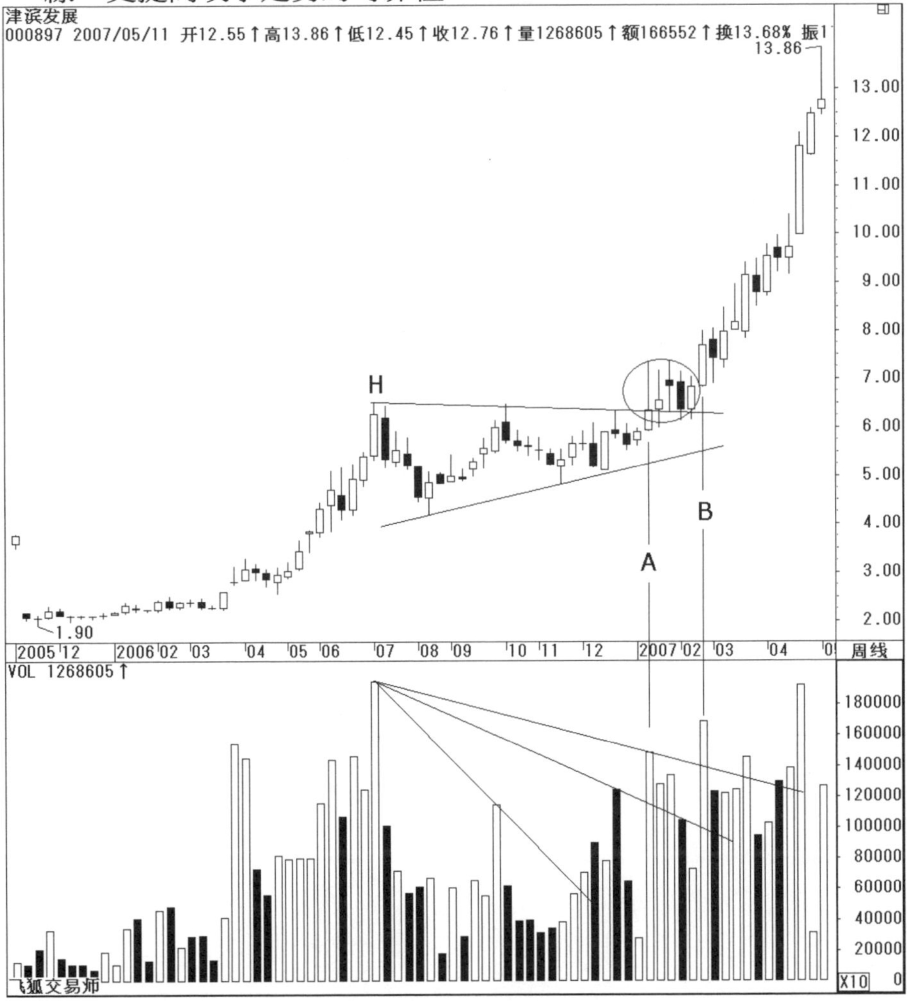

圖4-29　收斂三角形的圖例之五（資料來源：飛狐交易師）

　　請看《圖4-30》。華夏銀行股價的日線圖，在一個明顯的多頭攻擊過程中，從標示H開始進入震盪走勢，其型態為一個收斂三角形，在當時應該定位成為「**中段整理**」，也就是在整理結束後的上漲將會是當時走勢的末升段，該末升段行情結束之後，股價理應進入對前波整段的上漲進行修正，或是進入多空易位的轉折走勢。

　　在整理走勢的末端，成交量大致呈現遞減的狀況，在標示A的位置，突破型態下降趨勢線的同時，成交量也突破量能的下降趨勢線，因此只要股價保持真突破的訊號，就可以利用測量法則預估末升段可能的落點。

　　圖中揭示了兩種基本的測量方法，一個是平行上升趨勢線的軌道，另一個是整理型態最大距離的等幅測量，在標示B均獲得滿足，也就是在當時出現的止漲，將被定位為末升段結束的訊號。

圖4-30　收斂三角形的圖例之六（資料來源：飛狐交易師）

　　請看《圖4-31》。長百集團股價的週線圖，在一個中級的多頭走勢過程中，出現了三角形收斂的整理型態，通常在三角形走勢之後的多頭上漲，將會先被定位是末升段，又因為我們觀察的是週線圖，在末升段的行情結束之後，股價進入的修正或是反轉，將在日線的走勢上，對多頭操作者造成相對較大的傷害。

　　從圖中可以看見，在整理過程的成交量相對較少，代表未來產生的推擠力道也會較大，標示C因為放量止漲，因此經過該筆K線高點的下降趨勢線可靠度會較佳，標示D雖然突破量能的下降趨勢線，但相較於前幾筆的量能顯然較為不足，K線也未能夠呈現攻擊，直到標示A，K線與量能的訊號才顯現出多頭的氣勢，而標示E的這筆K線除了正式突破下降趨勢線，也呈現價量齊揚的多頭攻擊走勢，未來只要保持真突破的訊號，便可以預估末升段的可能落點位置。

　　我們利用了三種測量方法估算，分別是：原始上漲波段的黃金螺旋與上升趨勢線平行的軌道線、整理型態最大幅度的等距離。結果都在標示B的位置被同時滿足，該筆也出現當時最大成交量，意味在日線圖中應該會出現短線止漲與賣出訊號，而該筆大成交量也將被定位成為主力出貨量。投資人應該在當時出現賣訊時，趕快將手中多單退出，以規避中級以上層級的修正走勢。

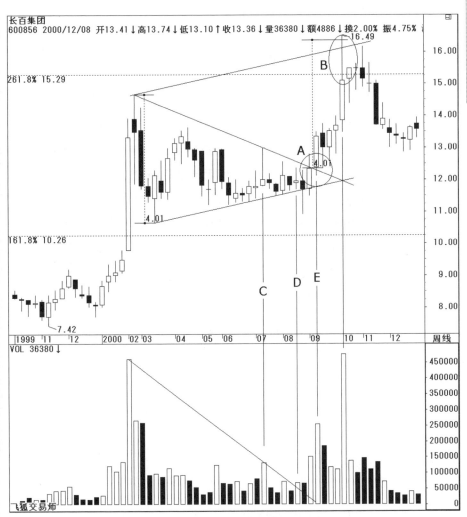

圖4-31　收斂三角形的圖例之七（資料來源：飛狐交易師）

主控戰略型態學

# 上升收斂三角形

## 走勢的特點

請看《圖4-32》，本型態屬於對稱收斂三角形的變化型態，一般稱為「上升三角形」，其走勢的研判重點與對稱收斂三角形無異，主要的差異是**利用走勢所畫出的趨勢線有所不同**，無論在多頭或是空頭，其上限為水平趨勢線，其下限為往右上方傾斜的趨勢線，而兩條趨勢線的夾角為銳角，所以有人稱為「直角三角形」，本型態不宜當成反轉型態，若在空轉多時出現類似這樣的走勢，請以三重底進行規劃。

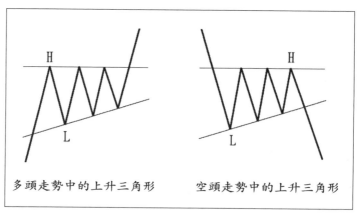

多頭走勢中的上升三角形　　空頭走勢中的上升三角形

圖4-32　上升收斂三角形的型態

其他如：成交量、浪潮與相對位置、領先買賣點與標準買賣點、停損與獲利的定位、投資策略的擬定與規劃，請參閱對稱收斂三角形的說明。

## 幅度測量

本型態的測量方法與對稱收斂三角形幾乎相同，唯一不同之處是：在空頭走勢中，不取經過型態最低的平行線進行測量。

### ∽ 實例說明 ∾

請看《圖4-33》。勤益股價的日線圖，在中長期多頭上漲的波動中，進入針對前波上漲的修正走勢，一般而言，我們會先定位這種修正將會以ABC三波模式進行。

在修正過程中，走勢逐漸形成上升三角形的型態，至於上限可以取出水平頸線，是根據實際走勢進行修正過的結果，而且也僅經過K線的上影線。

在標示A、B的位置出現爆量止漲，正好形成被頸線經過的高點，更增加取線與定位型態的可靠度，當跌破上升趨勢線時，就可以定位該上升三角形屬於B波反彈結束，而C波的結束點，根據波動模型與實際走勢推論，即為21.65元的低點。

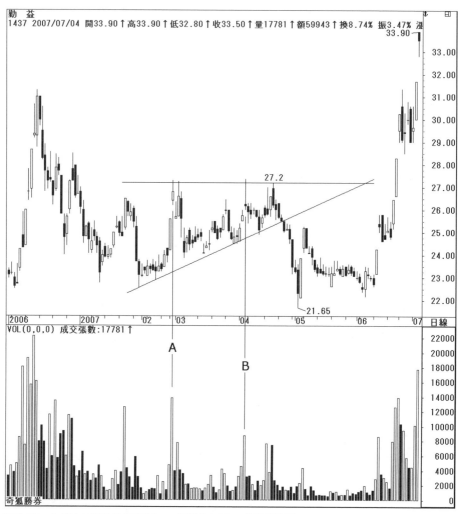

圖4-33　上升三角形的圖例之一（資料來源：奇狐勝券）

　　請看《圖4-34》。大成鋼股價的日線圖，在中長期空頭下
跌的走勢中，經過震盪整理，逐漸形成一個上升三角形的型
態，在標示A、B、C分別出量止漲，正好是上限的位置，而
在標示D跌破上升趨勢線後，股價將恢復下跌走勢。當下跌
走勢超過基本測量法則預估的目標，仍然無法止跌盤底時，
就應當以原始下跌的段落，或是當時開始下跌的攻擊段，進
行黃金螺旋的波段測量較為恰當。

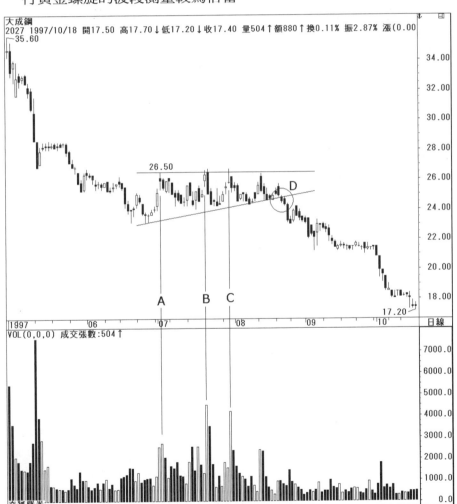

圖4-34　上升三角型的圖例之二(資料來源：奇狐勝券)

請看《圖4-35》。長安汽車股價的週線圖，在疑為中長期多頭走勢已經開始之後，股價從9.25元的高點進入修正走勢，若以9.25元到標示L為波浪走勢中的修正A波，那麼從標示L開始的反彈將被定位成為B波。

在反彈過程中，走勢逐漸形成上升三角形的型態，並在標示A的位置跌破上升趨勢線，代表C波修正正式開始，此時可以利用不同的測量方法，或是根據走勢定位C波的結束點。

在標示B的位置是滿足型態最大幅度的等距離下跌，在標示C的位置是滿足槓桿等幅的計算，無論是何種計算方法，保守穩定的投資人應該等到線圖盤底，或是多空走勢確定易位之後再進場操作。

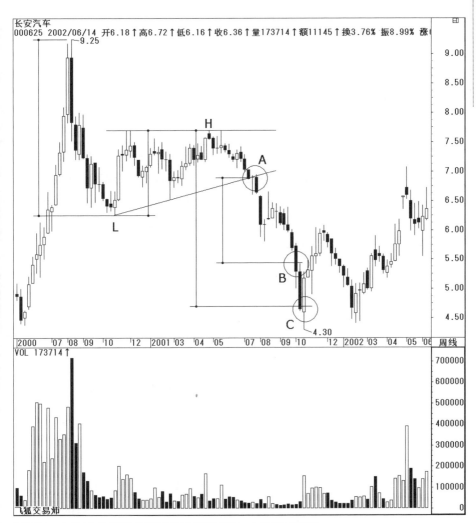

圖4-35　上升三角形的圖例之三（資料來源：飛狐交易師）

# 下降收斂三角形

## 走勢的特點

請看《圖4-36》，本型態屬於對稱收斂三角形的變化型態，一般稱為「下降三角形」，其走勢的研判重點與對稱收斂三角形無異，**主要的差異是利用走勢所畫出的趨勢線有所不同**，無論在多頭或是空頭，其下限為水平趨勢線，其上限為往右下方傾斜的趨勢線，而兩條趨勢線的夾角為銳角，所以有人稱為「直角三角形」，本型態不宜當成反轉型態，若在多轉空時出現類似這樣的走勢，請以三重頂進行規劃。

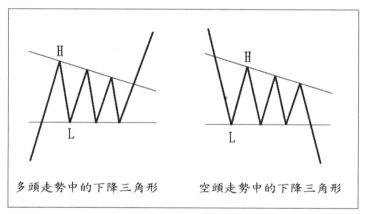

多頭走勢中的下降三角形　　　空頭走勢中的下降三角形

圖4-36　下降收斂三角形的型態

其他如：成交量、浪潮與相對位置、領先買賣點與標準買賣點、停損與獲利的定位、投資策略的擬定與規劃，請參閱對稱收斂三角形的說明。

## 幅度測量

本型態的測量方法與對稱收斂三角形幾乎相同，唯一不同之處是：多頭走勢中，不取經過型態最高的平行線進行測量。

### ❧ 實例說明 ❧

請看《圖4-37》。味全股價的日線圖，從8.13元開始上漲的波段，被懷疑是架構在中級修正結束後的上漲波段，從標示H進入修正走勢後，逐漸形成下降三角形的型態，在標示A量能突破下降趨勢線，但股價並未突破的下降趨勢線，故僅能視為「**試單量**」。在標示B的位置，量價同步突破對應的下降趨勢線，使下降三角形的型態被確立，投資人應該在當時把握機會切入作多。

在當時只要維持真突破的技術訊號，就可以進行未來可能上漲目標的估算，圖中標示C是滿足型態幅度的等距，標示D則是滿足槓桿等幅，在標示P的量增情形，可以定位是基本幅度滿足之後的獲利賣單，至於會造成出貨盤還是換手盤，再以後續走勢加以研判即可。然而當時的上漲是中長期多頭的波動背景，如果股價在震盪後持續上攻，上漲目標的估算就應該交給更大層級的走勢估算，或是改用黃金螺旋進行計算。

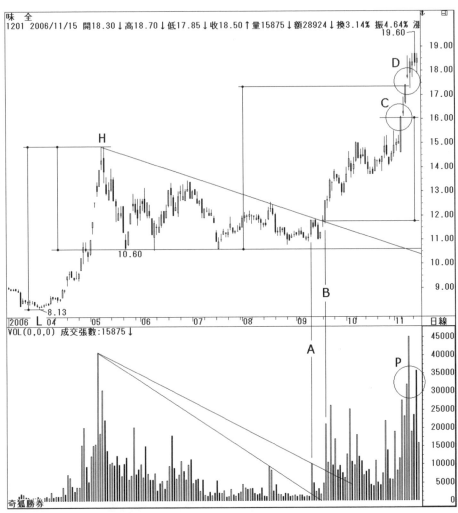

圖4-37　下降三角形的圖例之一（資料來源：奇狐勝券）

　　請看《圖4-38》。建投能源股價的日線圖，在懷疑走勢已經翻成空頭的背景下，整理過程逐漸形成下降三角形的型態，標示L1是先被取出的下降趨勢線，在標示H的位置被突破了，既然如此，股價應該反應盤底的動作，結果卻在標示A跌破水平頸線，這就代表下降趨勢線應該取標示L2才正確，且標示H的上漲是屬於「假突破」訊號，在標示B則是滿足《N型理論》的槓桿計算目標。

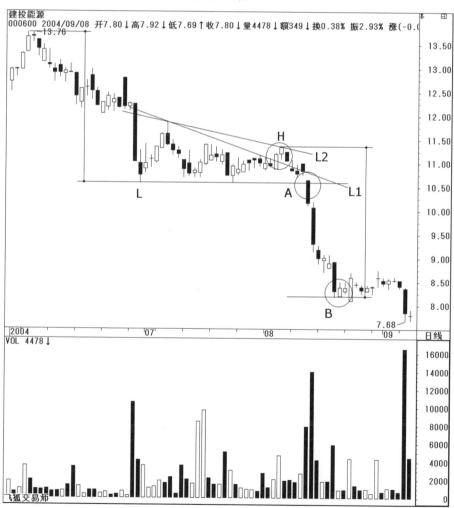

圖4-38　下降三角形的圖例之二（資料來源：飛狐交易師）

　　請看《圖4-39》。燕京啤酒股價的日線圖，從當時最低點5.39元開始上漲，僅能先定位是反彈波動。當股價從標示H進入震盪後，所形成的整理型態，逐漸形成下降三角形，在標示A突破下降趨勢線後，便可以進行目標的估算。而在標示B，不但滿足《N型理論》的槓桿目標，也滿足利用5.39元到H0為幅度計算的黃金螺旋比例，在當時屬於反彈的假設下，創10.95元的那筆又爆量收黑，除了應該先將短線多單退出觀望外，也必須懷疑當筆大量是屬於「出貨量」。

圖4-39　下降三角形的圖例之三（資料來源：飛狐交易師）

# 對稱擴散三角形

## 走勢的特點

　　請看《圖4-40》，本型態又可稱為對稱發散三角形，簡稱擴散三角形或是發散三角形。當股價走勢進入整理之後，由於多空雙方相爭，整理初期呈現較為狹窄的波動，隨著整理時間增加，震盪幅度逐漸擴大，接著利用高點與高點、低點與低點所連接起來的切線，上限往右上方傾斜，下限則是往右下方傾斜，兩條趨勢線的角度大約相等，其延長線交會於線圖的左側，走勢為對稱收斂三角形的水平鏡射，故又被稱為「倒轉的三角形」。

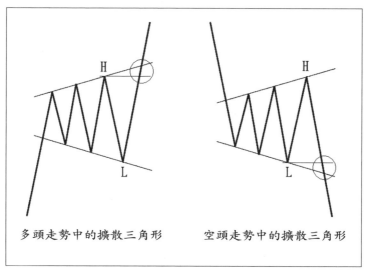

多頭走勢中的擴散三角形　　　空頭走勢中的擴散三角形

圖4-40　對稱擴散三角形的型態

既然與對稱收斂三角形相仿，所以其走勢也會呈現每個段落符合黃金比率的現象，比較明顯的差異除了型態是倒轉之外，股價高低點也不如收斂三角形一樣，容易在趨勢線找到較為精確的落點，尤其是最後一個段落。至於形成擴散三角形的原因，大多是缺乏較大資金的主力積極介入操作所致，因此在整理的末端，多空拉鋸變化才會這麼劇烈，而本型態出現時，往往也是原始趨勢走到了尾聲，因此在整理走勢結束之後，要注意沿著原始趨勢前進的段落將有多空轉折的訊號出現。

本型態與其他三角形一樣，不宜當成是反轉型態，也可像收斂三角形一樣，再變化出擴散走勢的上升三角形與下降三角形，本章節並沒有敘述這些變化型態，請套用收斂三角形的用法即可。

此外，擴散三角形有一個時間特性：當在日線格局的整理時間超過五十個交易日以上時，並未出現跌破或突破趨勢線進行表態，那麼我們應該要懷疑走勢圖有機會不是以此型態進行整理，需要有針對型態定位進行修正，或是放棄以本型態研判的心理準備。

## 成交量

本型態成交量的變化較其他型態顯得更為凌亂與不易掌握，大體上，在面臨段落高點時會出現成交量特別大的訊號，但在各段落低點的成交量不一定會萎縮，雖然整理走勢中，整體變化以呈現遞減為佳，但本型態卻較其他型態容易

出現在整理末端反而增大的技術現象。

## 浪潮與相對位置

請參閱對稱收斂三角形說明。

## 幅度測量

本型態的測量方法有三種，分述如下：

一、利用《N型理論》進行等幅槓桿的計算，如圖中標示，多頭目標＝H＋L－起漲低點，空頭目標＝H＋L－起漲高點。

二、利用最後一個段落進行測量，如圖中標示，多頭目標＝H×2－L，空頭目標＝L×2－H。

三、利用原始趨勢計算出的黃金螺旋目標，以未完成的目標為參考。

## 領先買賣點與標準買賣點

在空頭走勢中，當股價走勢疑似將完成擴散三角形，就在明顯三個以上的峰頂時，股價下跌到接近前波標示L的低點附近，有時會出現針對最後一個下跌段落反彈二分之一左右，接著才下跌並跌破圖中標示L的谷底。當出現反彈二分之一左右的這段走勢，技術分析的術語是「**逃命**」，因此為領先賣出點，而以中長黑跌破標示L的谷底，或是跌破之後的反彈所出現的賣訊，為標準賣出點。

在多頭走勢中，請將描述的賣點倒過來運用即為買點。

## 停損與獲利的定位

　　如果是利用領先賣點進場者，可以利用賣出訊號當時的負反轉高點為作空停損點，如果是利用標準賣出訊號進場者，無論是賣在跌破那筆或是反彈時賣出，都以跌破時的那筆高點為作空停損點。至於獲利出場點，則是只要測量幅度中最小的測幅就可以獲利了結。多頭反之亦然。

## 投資策略的擬定與規劃

　　請參閱對稱收斂三角形的說明。

## ∽ 實例說明 ∾

　　請看《圖4-41》。信音股價的日線圖，在走勢可能已經翻轉成對多頭有利之後，股價從14.2元的低點開始向上推升，經過反覆震盪之後，形成一個擴散三角形的整理型態。

　　在可能是擴散三角形整理結束的位置(指18.05元)，股價盤出一個底部，並在標示A獲得確認，不管是量能的增溫或是股價的表現，都暗示擴散三角形修正已經結束的可靠性，當在標示B突破23元的平台，如果呈現真突破的訊號，便可以估算23×2－18.05＝27.95元的目標，在標示C被穿越滿足後，如果股價沒有止漲行為，可以改用移動式停利法則觀察股價的波動。

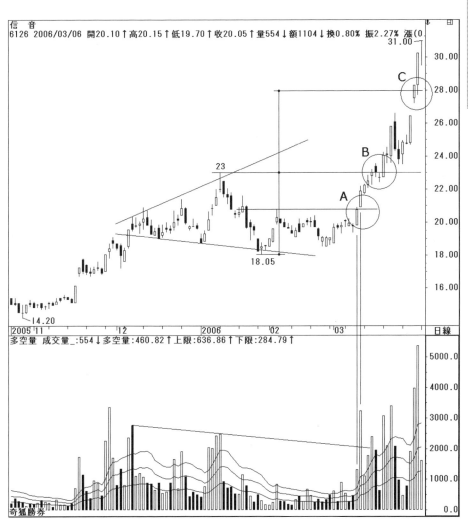

圖4-41　擴散三角形的圖例之一（資料來源：奇狐勝券）

　　請看《圖4-42》。聯華股價的日線圖，在空頭走勢下跌的過程中，出現了擴散上升三角形的型態，在型態整理的過程中，分別出現如標示A、B、C所示的大量，且對應到當時的止漲點，這樣的量價結構可以提高型態被辨識與確認的可靠度，在標示D跌破水平頸線，便可以確認型態的完成，同時利用槓桿計算等幅，在標示E被穿越滿足。而在標示E、F出現的大量，可以暫時視為空單回補，或是有特定人士進場的跡象，後者必須等待底部型態出現進行確認。

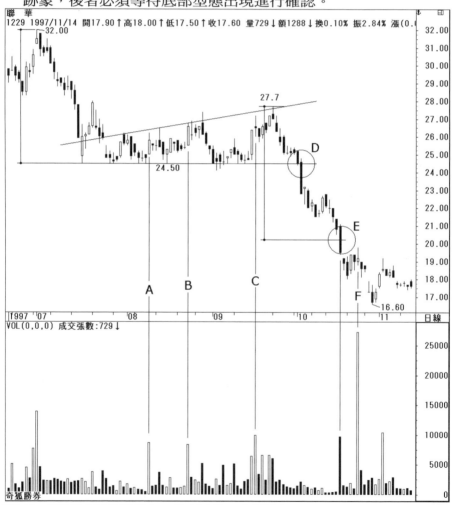

圖4-42　擴散三角形的圖例之二（資料來源：奇狐勝券）

請看《圖4-43》。三峽水利股價的週線圖，在空頭下跌的走勢過程中，盤底失敗後反而出現擴散三角形，在標示A跌破型態，當時股價只要維持真跌破的現象，便可以利用型態的幅度進行測量，在圖中可以發現，股價在標示B的位置滿足後便進入反彈，符合股價波動的原理。

圖4-43　擴散三角形的圖例之三（資料來源：飛狐交易師）

# 收斂下降楔形

## 走勢的特點

　　請看《圖4-44》，當行情經過一段時間的上漲或是下跌之後，股價走勢進入整理階段，由於多空雙方呈現拉鋸，越靠近整理末端，走勢震盪幅度逐漸縮小，但是卻仍維持盤跌向下的方式震盪，若取其高對高、低對低的切線，將會形成上下限都向右下方傾斜的趨勢線，且兩條趨勢線往右下方逐漸靠攏閉合，屬於收斂的三角型態，但因為兩條趨勢線同方向，故稱為「收斂下降楔形」，簡稱「下降楔形」，本型態又屬於下降旗形的變化型態。

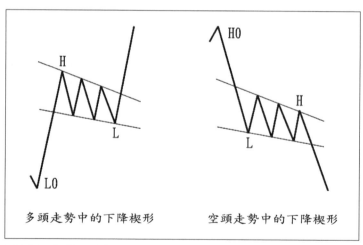

多頭走勢中的下降楔形　　　空頭走勢中的下降楔形

圖4-44　收斂下降楔形的型態

　　下降楔形的走勢可以出現在多頭與空頭過程中，除了可以屬於中繼型態之外，在空頭下跌過程也可以當成空轉多的轉折型態，此部分的說明將在反轉楔形中再探討。

　　本型態的成交量、浪潮與相對位置、領先買賣點與標準買賣點、停損與獲利的定位、投資策略的擬定與規劃請參閱下降旗形的說明。

## 幅度測量

　　本型態的測量方法有三種，分述如下：

一、利用《N型理論》進行等幅槓桿的計算，如圖中標示，多頭目標＝H＋L–L0，空頭目標＝H＋L–H0。

二、利用突破點進行等距離測量，如圖中標示，多頭目標＝突破點＋（H–L0），空頭目標＝跌破點–（H0–L）。

三、利用原始趨勢計算出的黃金螺旋目標，以未完成的目標為參考。

## ❧ 實例說明 ❧

請看《圖4-45》。大同股價日線圖，在一個明顯的上漲走勢之後，從標示H開始進入整理，其型態屬於下降楔形。在整理可能接近結束時，股價從標示L的點開始反彈，並以標示N為頸線盤出底部，標示A的K線測試下降趨勢線，成交量則是突破量能的下降趨勢線，最後在標示B放量上攻，突破價的下降趨勢線與底部頸線，暗示股價繼續往上推升。

以當時格局而言，在明顯的多頭走勢之後出現下降楔形，一般會定位為「中段整理」，在該整理走勢結束之後所出現的多頭上攻，將會被定位為「末升段」走勢，意思是這段上漲結束之後，產生的修正格局最起碼會讓股價回到下降楔形的終點附近，如果空頭強勢一點，將會產生「對分」的效應，甚至回到多頭起漲點。

為了規避未來可能出現的作多風險，應該注意末升段的滿足區何時出現，除了善用測量的方法之外，也要觀察當時K線的任何止漲與出貨訊號。在選擇使用測量的工具上，必須思考股價既然已經進入可能是末升段的走勢，除了以上漲初升段進行黃金螺旋的測量之外，利用整理型態當時的走勢進行評估，且先計算基本的測量幅度也是較為妥善的方法。

我們以圖中標示L～N的底部第一隻腳為計算基礎，在標示C、D分別滿足2.618倍與3.236倍，同時也出現滾量、爆量的走勢，因此不排除有在此出貨的可能，當上攻到17.1元

的高點後呈現對多頭不利的K線組合，當股價出現日落下
殺，便可以推論短線多頭行情已經結束。

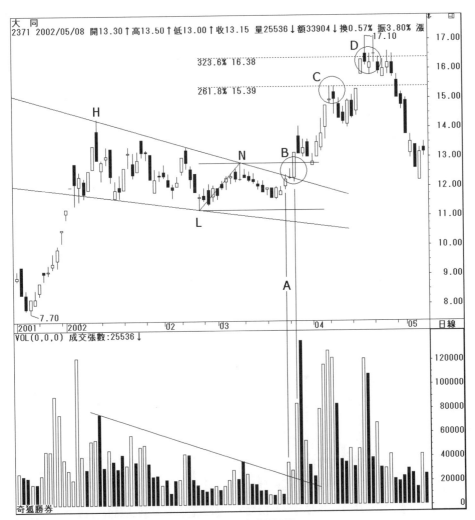

圖4-45　下降楔形的圖例之一（資料來源：奇狐勝券）

　　請看《圖4-46》。友尚股價的日線圖，在處於中長期的空頭走勢背景下，出現向下盤跌的修正，形成下降楔形的整理型態，當股價跌破型態後的再度下跌，宜先定位是該層級的末跌段，以波浪的角度而言，當時若是#—3—3波的下跌，從標示H下跌到54.5元的這段，將被定位是#—3—5波。

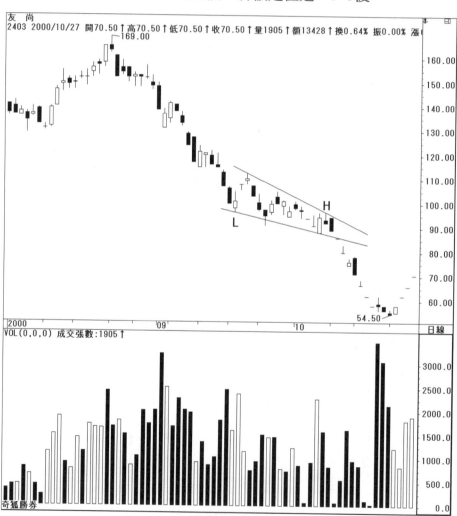

圖4-46　下降楔形的圖例之二（資料來源：奇狐勝券）

請看《圖4-47》。紅太陽股價的週線圖，在可能已經出現空轉多走勢的上漲之後，從標示H開始進入震盪整理，其型態屬於下降楔形。

在整理過程中，標示A的位置出現量能突破下降趨勢線的訊號，但並未出現價的表態，使股價持續維持整理，但標示B則是量價齊揚的訊號，不但價格突破型態的下降趨勢線，成交量也再度突破量能的下降趨勢線，這些技術面的訊號，都可以提高型態已經完成的可靠性。

在突破下降趨勢線之後的K線走勢，雖然出現了壓回測試支撐的現象，但都維持真突破的訊號，所以在此時是佈局買法的最佳切入時機，當出現標示C的多頭再攻擊訊號時，便宣告多頭將會持續上漲，在那時便可以進行上漲目標的預估了。

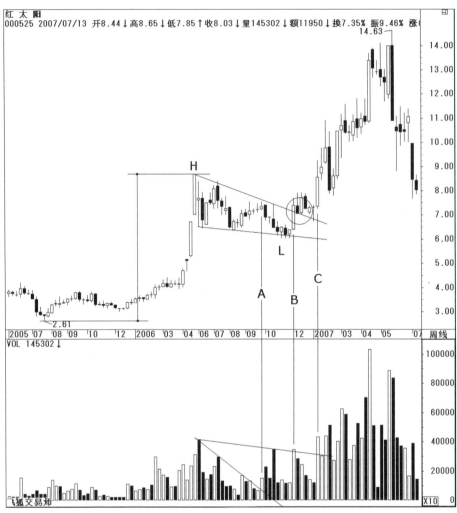

圖4-47 下降楔形的圖例之三（資料來源：飛狐交易師）

　　請看《圖4-48》。國際實業股價的日線圖，在處於中長期
的空頭走勢背景下，出現向下的盤跌修正，形成下降楔形的
整理型態，當股價跌破型態後的再度下跌，宜先定位是該層
級的末跌段，以波浪的角度而言，可以暫時先定位是#-#-5
波。而目標的推論，除了利用原始下跌段計算之外，也可以
利用《N型理論》進行槓桿計算，取H0～L為測量幅度，並
從標示H的位置扣減等距離。

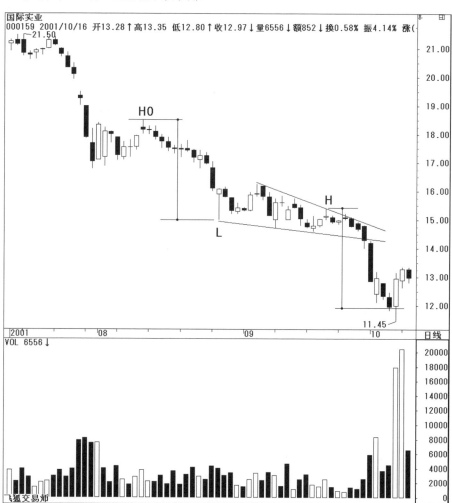

圖4-48　下降楔形的圖例之四（資料來源：飛狐交易師）

# 收斂上升楔形

## 走勢的特點

　　請看《圖4-49》，當行情經過一段時間上漲或是下跌之後，股價走勢進入整理階段，由於多空雙方呈現拉鋸，越靠近整理末端走勢震盪幅度逐漸縮小，但卻仍維持盤堅向上的方式震盪，若取其高對高、低對低的切線，將會形成上下限都向右上方傾斜的趨勢線，且兩條趨勢線往右上方逐漸靠攏閉合，屬於收斂的三角型態，但因為兩條趨勢線同方向，故稱為「收斂上升楔形」，簡稱「上升楔形」，本型態又屬於上升旗形的變化型態。

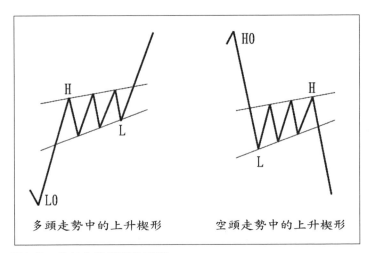

多頭走勢中的上升楔形　　　　空頭走勢中的上升楔形

圖4-49　收斂上升楔形的型態

　　上升楔形的走勢可以出現在多頭與空頭過程中，除了可以屬於中繼型態之外，在多頭漲升過程也可以當成多轉空的轉折型態，此部分的說明將在反轉楔形中再探討。

　　本型態的成交量、浪潮與相對位置、領先買賣點與標準買賣點、停損與獲利的定位、投資策略的擬定與規劃請參閱上升旗形說明。

## 幅度測量

　　本型態的測量方法有三種，分述如下：

一、利用《N型理論》進行等幅槓桿的計算，如圖中標示，多頭目標＝$H+L-L0$，空頭目標＝$H+L-H0$。

二、利用突破點進行等距離測量，如圖中標示，多頭目標＝突破點＋$(H-L0)$，空頭目標＝跌破點－$(H0-L)$。

三、利用原始趨勢計算出的黃金螺旋目標，以未完成的目標為參考。

## ～ 實例說明 ～

請看《圖4-50》。立隆電股價的日線圖,在疑為已經呈現空轉多的走勢之後,拉出一段上漲波到標示15.4元高點止漲,並進入整理的走勢,整理過程股價以盤堅模式向上推升,其型態屬於上升楔形,當股價接近整理走勢的末端,出現標示A的中長紅日出K線表態,量能也呈現突破量的下降趨勢線,接著在標示B,再以「**內困三日翻紅**」的組合突破型態的上限,此時可以懷疑整理已經結束,股價將繼續向上攻堅。

從標示B的位置開始上攻,將會使投資人產生困擾,因為對於潮汐推演結構不熟悉者,不容易分辨這段是屬於末升段還是主攻段。其實不必多慮,因為在實務操作上,無論是定位哪種波段的上漲,結論都是可以賺取多頭的利潤,只是在目標滿足之後所反應的股價走勢會有所差異而已,所以建議投資人讓走勢自己表達,不需要預測。如果是末升段,結束後的修正必然明顯又劇烈;如果是主攻段,修正走勢必然會透露出可以再作多的訊息,我們只要先想辦法將這段上漲利潤安穩的放進口袋裡就行了。

善用測量工具,將是協助投資人賺取穩定波段利潤的方法之一,圖中以標示10.5元～15.4元為測量的基礎,並從型態可能的終點15.35元往上計算,在標示C穿越預估的目標,隨後創下23.3元的高點後,K線收黑且出現爆量的訊號,在後續的走勢中宜注意短線多單的出場點。

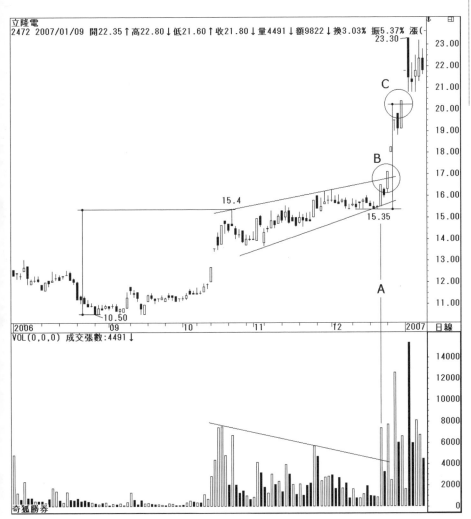

立隆電
2472 2007/01/09 開22.35↑高22.80↓低21.60↑收21.80↓量4491↓額9822↓換3.03% 振5.37% 漲(-
23.30

VOL(0,0,0) 成交張數:4491↓

奇狐勝券

圖4-50　上升楔形的圖例之一（資料來源：奇狐勝券）

　　請看《圖4-51》。金橋股價的日線圖，在中級上漲走勢可能結束的背景下，先向下修正到26.7元的低點，然後再開始出現反彈走勢，反彈的過程呈現盤堅向上，其型態可以被歸類為上升楔形。

　　在型態內，標示A、B、C、D的位置，都出現量增止漲的技術現象，且K線上緣又正好可以取出軌道上限，因此增加型態被辨識的可靠性。

　　所以在標示E的位置跌破上升趨勢線後，先定位型態已經成立，如果維持真跌破的技術現象，那麼將可以進行目標測量，圖中利用比較保守的段落進行計算，也就是從33.7元～26.7元為計算的基礎，並從30.85元往下扣減等幅，在標示F滿足之後，股價便進入橫盤整理走勢，頗符合股價波動的慣性。

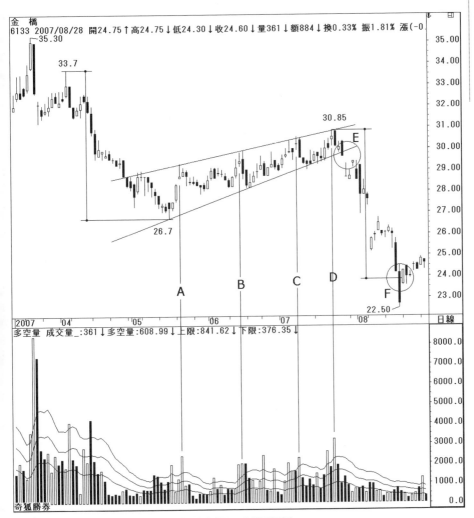

圖4-51　上升楔形的圖例之二（資料來源：奇狐勝券）

　　請看《圖4-52》。青島雙星股價的日線圖，在走勢已經進入中長期的空頭下跌過程中，股價修正到標示L後，開始出現明顯的短線反彈，其型態屬於上升楔形，在標示A跌破型態的上升趨勢線，代表股價通常會持續向下修正，而標示B的止漲與出量，將會增加型態被確認的可靠度，切勿當成是進貨量。至於目標的測量，可以針對不同的止漲高點H1、H2、H3進行計算與評估。

圖4-52　上升楔形的圖例之三（資料來源：飛狐交易師）

　　請看《圖4-53》。風華高科股價的日線圖，在已經進入中
長期多頭走勢的背景下，股價從3.03元的低點開始向上推
升，在標示H的止漲訊號出現之後，股價開始利用盤堅向上
的方式進行整理，形成上升楔形的型態。在標示A股價以中
長紅的K線穿越型態上緣，且成交量已突破量的下降趨勢線
做表態，如果能夠維持真突破，便可以進行目標的估算。標
示B是滿足平行上升趨勢線的軌道，至於標示C則是滿足以
3.03元～H為測幅，並從標示L往上加等幅的目標。

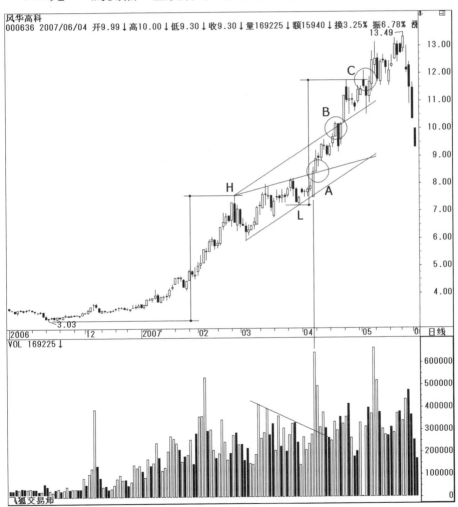

**圖4-53　上升楔形的圖例之四（資料來源：奇狐勝券）**

　　請看《圖4-54》。河池化工股價的日線圖，在可能是多頭走勢的修正後，股價從2.38元的低點開始向上推升，在標示H進入止漲，如果從2.38元到標示H這段屬於主升段中的初升段，那麼從標示H開始修正時，投資人必須注意修正結束訊號，以擷取主升段中主升段的利潤，以《波浪理論》的角度而言，即為操作#–3–3波。

　　從圖中可以發現，修正過程並沒有出現明顯的壓回走勢，股價反而是以盤堅向上的模式進行修正，且其型態屬於上升楔形。當有機會再度出現多頭攻擊走勢時，股價修正是以往上調整的模式呈現，代表走勢是「**看回不回**」，也是多頭相當積極的表徵，因此在修正結束的訊號出現時，應該大膽切入操作多單。

　　在標示A，以中長紅日出的K線表態，量能也同時突破量的下降趨勢線，假設當時維持真突破的訊號，那麼至少會滿足基本的測量目標。又當時根據走勢研判，是有機會進行主升段中的主升段，那麼利用標示L～H的幅度進行黃金螺旋的測量，根據經驗：股價波動的吻合度會比其他測量工具為佳，所以在標示B的位置滿足2.618倍，股價略微修正後再度攻擊，最後穿越3.236倍。而當時在標示C的K線組合對多頭不利，且成交量也異常暴增，後續的迅速修正走勢，請投資人不妨多加體會、玩味。

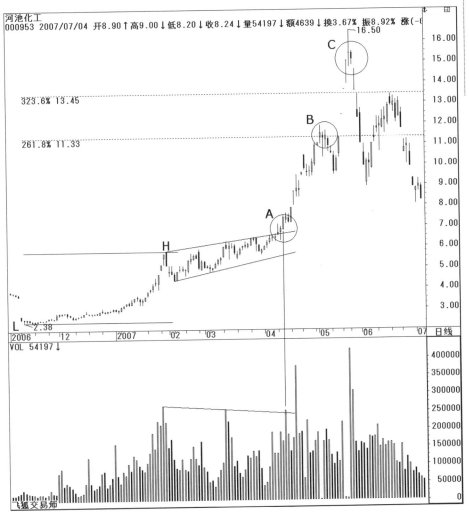

圖4-54　上升楔形的圖例之五（資料來源：飛狐交易師）

# 收斂反轉楔形

## 走勢的特點

請看《圖4-55》，當行情經過一段長時間上漲或是下跌後，股價走勢可能進入最終階段，並呈現多空雙方的拉鋸戰。在多頭走勢的末端，以多方較強的盤堅模式逐漸攻堅，形成收斂上升楔形的型態，最後跌破上升趨勢線，使走勢出現反轉；或是在空頭走勢的末端，以空方較強的盤跌模式不斷創低，形成收斂下降楔形的型態，最後突破下降趨勢線，使走勢出現反轉，此時可稱此型態為「收斂反轉楔形」，簡稱「反轉楔形」，本型態又屬於反轉旗形的變化型態。

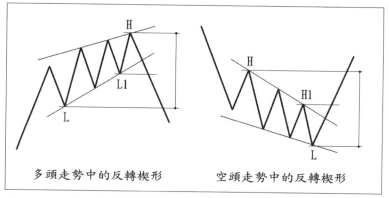

多頭走勢中的反轉楔形　　　空頭走勢中的反轉楔形

圖4-55　收斂反轉楔形的型態

本型態的成交量、浪潮與相對位置、停損與獲利的定位、投資策略的擬定與規劃請參閱反轉旗形的說明。

## 幅度測量

在空頭走勢中，當突破下降趨勢線時，代表走勢即將進入反轉，或以真突破模式突破圖中標示H1的高點時，是型態完成的確立點，同時代表未來將會先行挑戰標示H的高點，當H的高點被挑戰之後，沒有出現空頭轉強的走勢，就代表反彈將會持續，其預估目標＝H×2−L。

在多頭走勢中，當跌破上升趨勢線時，代表走勢即將進入反轉，或以真跌破模式跌破圖中標示L1的低點時，是型態完成的確立點，同時代表未來將會先行測試標示L的低點，當標示L的低點測試結束之後，沒有出現多頭轉強的走勢，就代表修正將會持續，其預估目標＝L×2−H。

## 領先買賣點與標準買賣點

股價進入多頭走勢的末期，研判該位置有機會進入盤頭，但是股價仍然維持盤堅創高走勢，此時就必須針對走勢的高低點畫出趨勢線或是軌道線，進行是否會形成反轉型態的研判。

當股價跌破上升趨勢線時，為領先賣出訊號，跌破標示L1的低點時為標準賣出訊號，當股價修正到標示L的低點時，將會出現暫時的止跌現象，或是進行反彈，而在止跌失敗或是反彈無力之後的止漲點，為再賣出的訊號。

當股價進入空頭走勢的末期，研判該位置有機會進入盤

底，但是股價仍然維持盤跌創低走勢，此時就必須針對走勢的高低點畫出趨勢線或是軌道線，進行是否會形成反轉型態的研判。

當股價突破下降趨勢線時，為領先買進訊號，突破標示H1的高點時為標準買進訊號，當股價反彈到標示H的高點時，將會出現暫時的止漲現象，或是進行回檔，而在止漲失敗或是回檔修正結束之後的止跌點，為再買進的訊號。

## ❧ 實例說明 ❧

請看《圖4-56》。亞力股價的月線圖，在明顯的長期下跌之後，股價開始呈現往下盤跌的走勢，且高低點波動的幅度逐漸縮小，所以屬於下降楔形的型態。

當股價已經修正到跌破票面時（指10元以下），以該股的基本面，除非投資人認為該檔股票將會下市，否則在此時出現的下降楔形，形成反轉的機率將會高於中段整理的機率，因此投資人需要關注的是型態的下降趨勢線，是否能在後續的波動走勢中被突破？

當型態收斂到極端，股價自然就會突破某一個方向，因為觀察的線圖是月線，代表觀察的時間週期較長，所以在突破之後的走勢，雖然沒有呈現真突破，只呈現「盤底」、「擴底」的走勢，對多方操作者而言，仍然可以在日線圖上操作穩當的利潤，如果走勢可以在月線圖上盤底成功，那麼操作的波段利潤就有機會被擴大，這也是投資人最期待的走勢訊

號之一。

　　我們以標示A的位置為頸線，在標示B的中長紅K線出現時，量能也同時放大並突破量的下降趨勢線，接著在標示C的位置持續以中長紅線突破頸線，並放量上攻，顯示多頭相當積極，當時只要維持真突破的訊號，股價便有機會挑戰型態的最高點。

　　在標示D是反應此種股價的慣性，而在穿越型態高點所出現的大量，往往是屬於解套、出貨的定位，因此投資人必須注意短線賣點，以防面臨月線層級的修正。

　　請注意！上述說明中所提的慣性，是代表下降楔形在呈現空轉多的反轉之後，通常股價以型態的最高點為挑戰的目標，但本範例是利用月線層級觀察，變數相對較高，因此必須注意日線或是週線層級的多空變化，以避免一廂情願的認定股價走勢就是如此，進而忽略短線多頭已經走弱的事實。

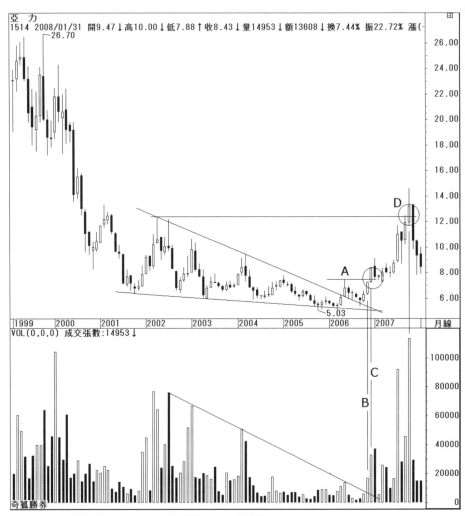

圖4-56　反轉楔形的圖例之一（資料來源：奇狐勝券）

　　請看《圖4-57》。正隆股價的日線圖，在中期多頭的上漲過程中，利用起漲的第一小段進行黃金螺旋的測量，在標示A的位置出現推升量，並穿越2.618倍的幅度，股價就從此開始進入震盪，並維持盤堅向上的走勢，形成上升楔形的型態。

　　在型態內標示B、C、D的位置，除了對應到止漲高點之外，也出現爆量的技術面訊號，這種明顯的出量止漲，又迅速量縮的現象，不宜以量縮價穩探討，應該要注意是否為「**草叢量**」的出貨訊號。

　　接著股價在標示E的位置，跌破型態的上升趨勢線，使上升楔形形成反轉型態，如此一來，更增添「草叢量」出貨的可靠性，以當時觀察的線圖是日線格局而言，股價將有極高的機會先往型態的最低點測試，亦即如圖中股價穿越標示L所示。

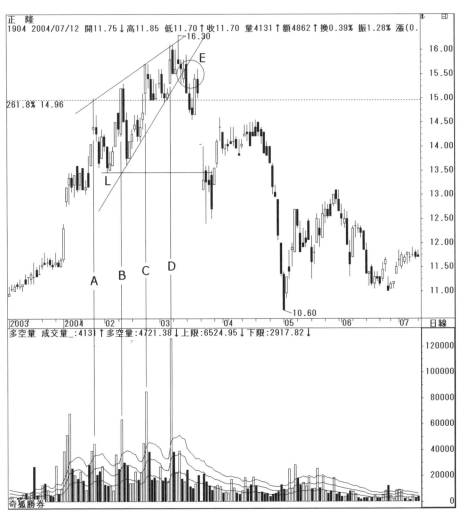

圖4-57 反轉楔形的圖例之二（資料來源：奇狐勝券）

　　請看《圖4-58》。新鋼股價的週線圖，在中長線有機會再漲一波的背景下，股價從9.11元開始上漲，直到標示H止漲的這段，我們先假設是初升段。當股價進入整理修正的走勢，等到修正結束且再度上攻時，便可以利用標示L～H這段為測量的基礎，進行黃金螺旋的測量。

　　當股價在標示A穿越2.618倍後，便進入震盪的走勢，此時投資人可以假設多頭上漲5波有機會結束，但實際走勢卻持續向上創高，在標示B穿越3.236倍後，股價便止漲壓回，沒有持續攻擊。這暗示股價沒有機會走出延伸波，再加上股價止漲時的高點，所對應到的成交量，雖然呈現量增現象，但卻是逐次遞減，形成「**價量背離**」的技術面，所以只要出現空頭轉強訊號，投資人必須假設這5波已經走完，股價將有極高的機會先出現「**對分**」的現象。

　　以當時股價的走勢而言，是屬於上升楔形的型態。在當時技術面對多方較為不利的背景下，多頭宜力守型態的上升趨勢線，使之變成上漲的中繼站。但其實股價在標示C跌破了上升趨勢線，因此完成了反轉楔形，依據股價的慣性原理，通常會先測試型態的最低點，也就是標示D的位置。而股價在標示D之後的反彈，呈現多頭相對弱勢的現象，因此投資人必須提防股價是否會滿足其他的目標測量。

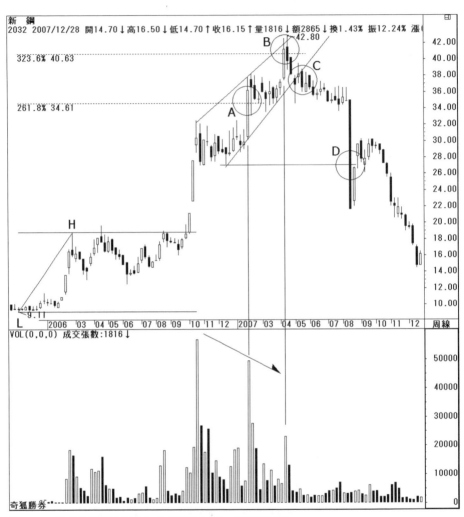

圖4-58　反轉楔形的圖例之三（資料來源：奇狐勝券）

　　請看《圖4-59》。西北化工股價的週線圖，在可能是中期多頭的上漲過程中，利用標示L～H這段為測量段，計算不同的黃金螺旋目標，以協助投資策略的擬定。

　　在標示A、B、C的位置，分別滿足黃金螺旋的1.618、2.618與3.236倍，且股價在滿足後也隨著出現修正，代表股價的走勢屬於正常的慣性波動。

　　以黃金螺旋的用法而言，當滿足越高的比例數字時，代表多頭的風險將會逐漸提高，此時如果搭配潮汐與波浪、線形壓力與型態研判，將可以幫助投資人掌握關鍵的反轉走勢。

　　在本範例中，股價在標示C穿越3.236倍之後，便形成一個上升楔形的整理走勢，整理過程呈現明顯的量價背離訊號，當在標示D的位置跌破型態的上升趨勢線時，便可以確認反轉型態已經完成。

圖4-59 反轉楔形的圖例之四（資料來源：飛狐交易師）

　　請看《圖4-60》。合加資源股價的週線圖，在中長期的空頭下跌過程中，股價在黃金螺旋的4.236倍與5.236倍之間，逐漸形成一個下降楔形的走勢，並在標示A的位置突破型態的下降趨勢線，使楔形形成反轉型態，且在突破之後維持真突破訊號，股價也隨著震盪走高。

　　若依該型態的慣性，只要能夠保持多頭支撐不破，那麼股價挑戰的目標將先上看型態的最高點，也就是在標示B的位置。

　　而股價在穿越型態的最高點之後，假設當時的拉回修正走勢，仍維持多頭有利的現象，那麼就可以定位從2.66元起，到標示B的位置是屬於多頭上攻的初升段，因此投資人必須注意主升段的進場時機。

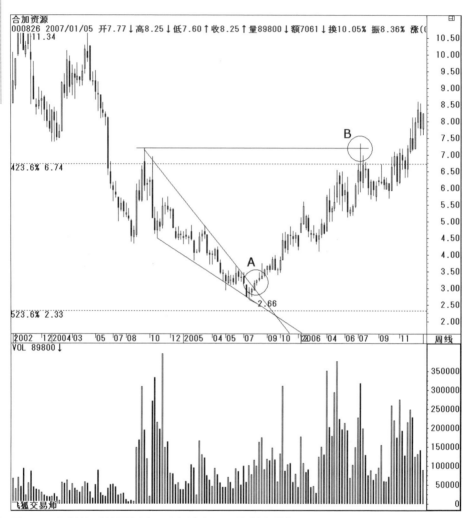

圖4-60 反轉楔形的圖例之五(資料來源:飛狐交易師)

# 擴張反轉楔形

## 走勢的特點

請看《圖4-61》，當行情經過一段長時間的上漲或是下跌之後，股價走勢可能進入最終階段，呈現多空雙方的劇烈震盪，且幅度越來越大。在多頭走勢的末端時，以多方較強的盤堅模式逐漸攻堅，形成擴張上升楔形的型態，最後跌破上升趨勢線，使走勢出現反轉；或是在空頭走勢的末端時，以空方較強的盤跌模式不斷創低，形成擴張下降楔形的型態，最後突破下降趨勢線，使走勢出現反轉，此時就可以稱此型態為「擴張反轉楔形」，本型態又屬於反轉旗形的變化型態。

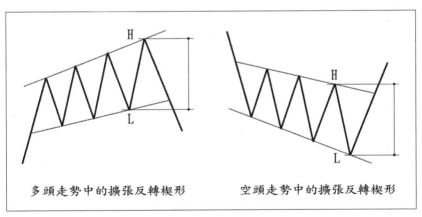

多頭走勢中的擴張反轉楔形　　空頭走勢中的擴張反轉楔形

圖4-61　擴張反轉楔形的型態

擴張楔形與收斂楔形的型態一樣，也會出現中繼的整理型態，可以分別在多頭上漲過程與空頭下跌過程中出現，其名稱為「擴張上升楔形」與「擴張下降楔形」，研判的重點、出現的位置等等，與收斂楔形的描述相差無幾，請投資人直接參閱收斂楔形的說明，本單元僅就實例進行說明。

此外，本型態的成交量、浪潮與相對位置、投資策略的擬定與規劃請參閱反轉旗形的說明。

## 幅度測量

在空頭走勢中，當突破下降趨勢線時，代表走勢即將進入反轉，並以真突破模式突破圖中標示H的高點時，為型態完成的確立點，此時只要能夠維持真突破的技術現象，則未來預估目標＝H×2−L。

在多頭走勢中，當跌破上升趨勢線時，代表走勢即將進入反轉，並以真跌破模式跌破圖中標示L的低點時，為型態完成的確立點，此時只要能夠維持真跌破的技術現象，則未來預估的目標＝L×2−H。

## 領先買賣點與標準買賣點

當股價進入多頭走勢的末期，研判該位置有機會進入盤頭走勢時，發現股價仍然維持盤堅創高走勢，此時就必須針對走勢的高低點畫出趨勢線或是軌道線，進行是否會形成反轉型態的研判。

　　本型態因為震盪幅度相當大，因此也容易辨識，當走勢已經具有擴張楔形的雛型出現時，多單可以先行退出。至於領先賣出點，必須有明顯三個以上的峰頂出現後，股價下跌到接近前波標示L的低點附近時，有時會出現針對最後一個下跌段落反彈二分之一左右，接著才跌破圖中標示L的谷底，當出現反彈二分之一左右的這段走勢，技術分析的術語是「**逃命**」，因此為領先賣出點。當以中長黑跌破上升趨勢線或標示L的谷底時，為標準賣出訊號，而在之後任何反彈無力的止漲點，都是再賣出的訊號。

　　在空頭走勢的末期，出現本反轉型態時，只要將上述說明倒過來運用即可。

## 停損與獲利的定位

　　在多頭行情可能結束時，如果是利用領先賣點進行融券操作者，可以利用賣出訊號當時的負反轉高點為作空停損點，但是此法風險較高，走勢也不一定會出現。如果是利用標準賣點進行融券操作者，其停損點定位在跌破的那筆K線高點；如果是利用再賣出點進場操作者，原則上停損點設在當時的負反轉高點。而獲利點則先進行基本幅度的測量，或是參考黃金螺旋的目標估計。空頭反之亦然。

## ～ 實例說明 ～

請看《圖4-62》。加權指數股價的日線圖，在疑為多頭走勢已經結束，股價將進入中長期修正的過程中，從標示L的位置，走勢進入幅度相對明顯的上下震盪，形成一個擴張下降楔形。

這種型態相對其他的型態更不容易辨識，對於技術分析的系統不熟稔者，更難研判相對可靠的型態結束點，雖然可以在走勢圖中，尋覓到如標示P所示量增、價止漲的訊號，然而能否穩當的研判出標示H是屬於修正結束的點，實在是未知之數，投資人唯有回歸到K線變化，與浪潮多空轉換的定位，才能比較適當的進行定位。

此外，這個走勢困擾投資人的還有測量的問題。雖然事後在走勢上，可以輕鬆的就利用標示L、H，與某一個明顯的止漲高點，進行等幅的槓桿計算，目標也在標示A的位置被穿越滿足，但是在研判股價的當下，建議投資人以**風險考量**放在第一位，先針對實際走勢，分段進行評估、推算，會相對的安全與可靠。

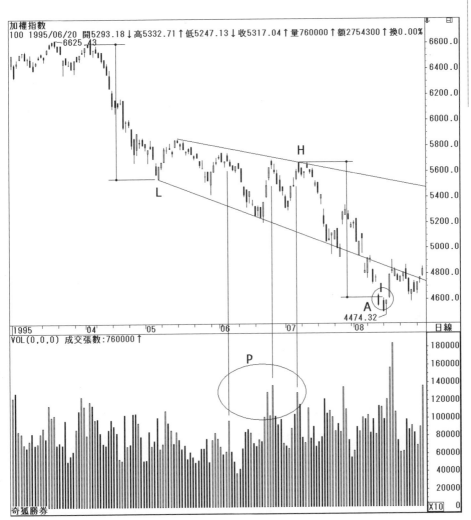

圖4-62　下降擴張楔形的圖例（資料來源：奇狐勝券）

　　請看《圖4-63》。福懋股價的日線圖，在疑為多頭主升段上攻的背景下，從標示A的位置爆量止漲後，開始進入震盪整理走勢，整個整理型態屬於擴張上升楔形，至於是中繼型態還是屬於反轉型態？除利用當時的潮汐進行推演之外，仍需依賴走勢對趨勢線跌破或突破做確認的動作。

　　走勢在標示C的位置，突破經過標示A、B的量能下降趨勢線，同時以中長紅的多頭攻擊K線，突破型態的上限，暗示整理結束，股價將沿原方向前進。

　　至於上攻的目標，可以利用潮汐力道進行推演，或是原始初升段計算黃金螺旋等測量工具，藉以評估操作風險與拿捏恰當的出場時機。

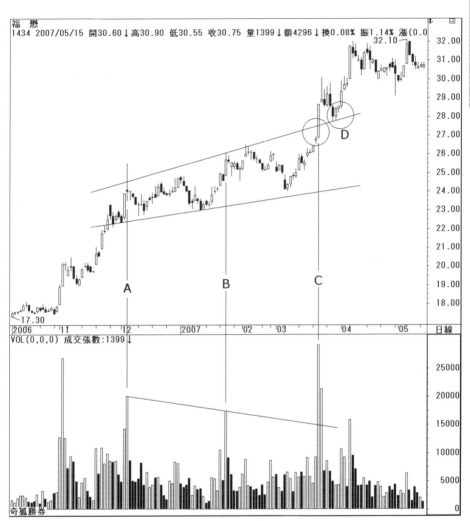

圖4-63　上升擴張楔形的圖例（資料來源：奇狐勝券）

　　請看《圖4-64》。勤美股價的日線圖，在長線走多、中線走弱的修正末端，在除權之後進入盤跌走勢，使型態逐漸形成一個擴張下降楔形，並隨後在標示A突破下降趨勢線，使其形成反轉型態，當時如果以標示NL為底部的頸線觀察，也可以定位是頭肩底的型態，因此當出現底部完成的確認訊號時，就可以大膽斷定股價會先挑戰標示H的高點。

　　而股價在突破標示H的位置後，並沒有出現明顯修正，反而如標示B所示持續上推，因此可以假設股價要往反轉楔形的倍幅前進，即目標＝H×2−17.2＝26.5元，在標示C的位置穿越滿足。

　　但該股走勢在長線多頭有利的背景下，投資人不妨將觀察的輪廓放大，在操作上的收穫將會遠遠超過眼前所專注的波段。

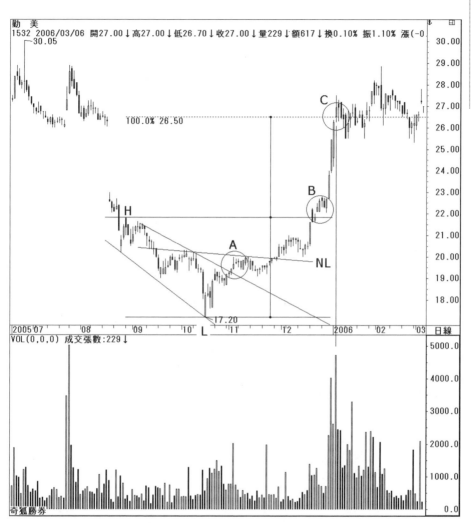

圖4-64 反轉擴張楔形的圖例之一（資料來源：奇狐勝券）

　　請看《圖4-65》。所羅門股價的日線圖，因為已經很接近中長線測量的2.618倍目標，所以屬於一個可能是中長期的上漲走勢末端，股價呈現盤堅向上的擴張上升楔形，又在標示A的位置穿越2.618倍目標並爆出大量，頗令人懷疑有趁機出貨的嫌疑，標示B的止漲與之後的修正走勢，則是使疑慮轉為確認。

　　然而股價修正到23.5元時，正好觸及型態的上升趨勢線，接著出現反彈波動，這段反彈的過程則是出現了複合型態，除了可以將標示C的區間視為圓弧頂之外，也可以取出頸線觀察頭肩頂，甚至將23.5元當成大頭部的頸線，第二頭是由頭肩頂、圓弧頂的複合型態所構成。

　　因此在跌破上升楔形的上升趨勢線時，就可以假設未來修正目標將往標示L進行測試，如標示E所示。其他頸線被跌破的訊號，只是更加強反轉型態的確認而已。

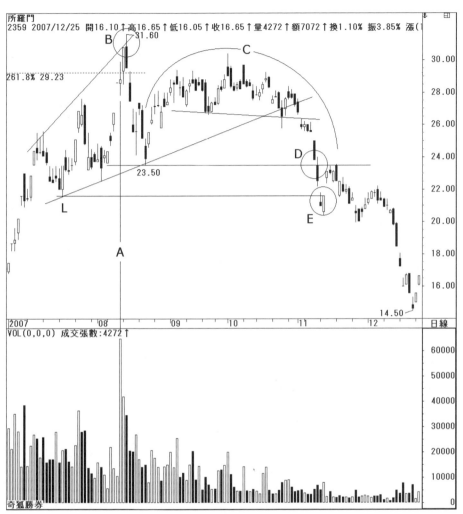

圖4-65　反轉擴張楔形的圖例之二（資料來源：奇狐勝券）

　　請看《圖4-66》。興勤股價的日線圖，在接近中長線測量的2.618倍目標時，開始呈現盤堅向上的擴張上升楔形，當在標示A穿越2.618倍目標後，雖然股價再度創下新高點，但是並沒有持續出現多頭攻擊，反而在標示B跌破型態的上升趨勢線，使型態確認反轉。

　　然而股價在後續的反彈中，使跌破趨勢線的行為呈現假跌破的現象，但反彈也沒有創下新高點，代表股價仍在盤頭疑慮之中，因此我們再根據走勢圖，拉出標示L2、L3往右上方傾斜的頸線，在股價隨著這些趨勢線波動的過程中，將很容易分辨出這是扇形三條線的結構，最後在標示C跌破標示L的谷底，至於標示P的量能行為，也就被視為出貨量。

　　我們可以將整個盤跌向下的走勢，都視為在盤頭的過程，因此當跌破標示L的谷底時，便頗有頭部完成的味道，再加上反轉楔形如果在測試標示L之後，走勢仍對空頭有利，股價將會反應型態等幅的慣性，因此利用L×2−H的公式代入計算，便可以得到股價滿足的目標區，也就是標示D的位置。

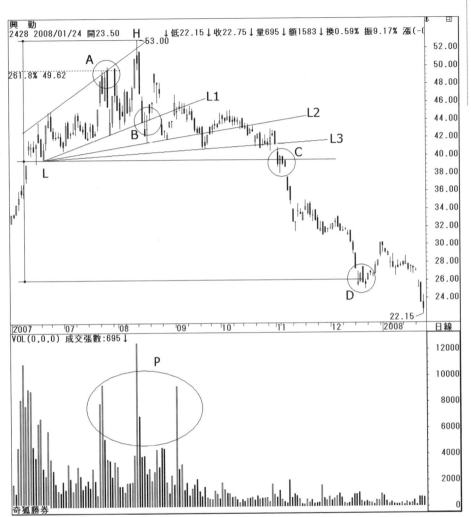

圖4-66　反轉擴張楔形的圖例之三（資料來源：奇狐勝券）

　　請看《圖4-67》。華夏銀行股價的日線圖，在中長期多頭的上漲過程中，從標示H0的高點向下修正，修正的型態屬於擴張下降楔形，當走勢修正到標示L的位置時，開始出現盤底的訊號，最後在標示A完成底部時，成交量也同步突破下降趨勢線，使底部完成的可靠度更加提高。

　　股價在標示B的位置突破型態的下降趨勢線，使該型態被歸類屬於中繼型態，亦即股價將往原始趨勢繼續前進。既然如此，我們便可以利用測量學進行目標值的預估，圖中所示是利用型態的最大幅度，從突破的點往上加等幅的距離。

　　除此之外，也可以利用8.6元到標示H0這段為測幅，從標示L的位置往上加等幅，甚至使用原始上漲的初升段，進行黃金螺旋的目標量測，當股價在穿越或是靠近所預估的目標值時，注意短線多頭的轉弱退出時機即可。

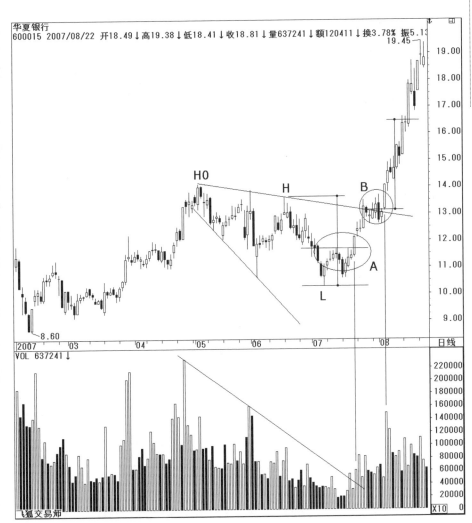

圖4-67 下降擴張楔形的圖例（資料來源：飛狐交易師）

　　請看《圖4-68》。中成股份股價的日線圖，在中長線多頭的明顯修正走勢之後，開始再度向上攻堅，利用這段上漲的最初原始段進行黃金螺旋的測量，可以看見在標示A穿越4.236倍，在標示B穿越5.236倍，這對短線多頭而言，已經屬於短線的作多風險區，而其震盪的走勢是屬於擴張上升楔形。

　　接著股價在標示C出現爆量止漲，K線型態則是形成複合式的島狀反轉，並在標示D跌破擴張上升楔形的上升趨勢線，使其完成反轉型態，走勢也如預期的股價慣性先行測試標示L的位置。

　　測試之後出現的反彈走勢，如果未能創新高，而14.5元的高點也已經接近或穿越中長線的目標區時，宜注意股價將進入中級以上的修正走勢，且會滿足對分理論。

圖4-68　反轉擴張楔形的圖例之一（資料來源：飛狐交易師）

　　請看《圖4-69》。華立藥業股價的週線圖，在可能是中長期的上漲末端時，利用前波中級初升浪，與上漲第一小段的幅度進行黃金螺旋測量，股價分別在標示A、B、C滿足不同的測量目標，且其盤堅向上的整理走勢，應當歸類於擴張上升楔形，至於成交量呈現退潮的跡象，將是多頭上攻的最大隱憂。

　　當股價在標示D的位置跌破型態的上升趨勢線後，擴張上升楔形將被定義為反轉擴張楔形，依其股價的慣性，將會先測試型態起點，就是保守的估計，也會到達如標示E的位置，正常要滿足的位置則是水平線下的那個谷底。

　　持多方操作的投資人要特別注意，假設股價的漲勢已經出現明顯的結束訊號，當測試型態的低點或是多頭的支撐後，所出現的上漲波動，請先假設是屬於反彈走勢，並在反彈過程中注意是否出現多頭止漲訊號，以規避未來可能將面臨的劇烈修正。

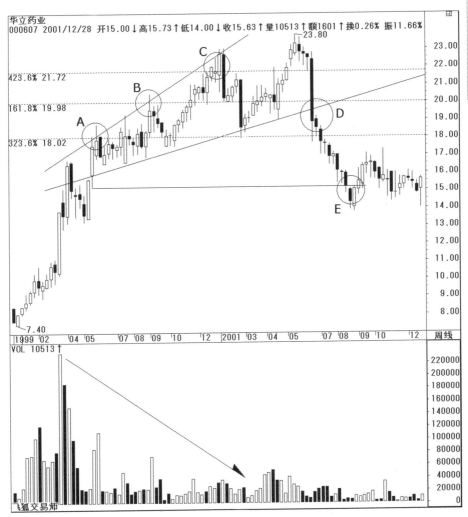

圖4-69　反轉擴張楔形的圖例之二（資料來源：飛狐交易師）

# 菱　形

## 走勢的特點

　　請看《圖4-70》，當出現菱形的型態時，通常坊間技術分析書籍會將本型態定位在中級頭部或是底部的反轉型態，然而在實際運用的過程中發現，類似像菱形走勢的頭部型態都可以利用複合式頭部進行定位，在低檔出現時亦然，但是在進行中段整理走勢的過程中，出現類似像菱形的形狀卻不見探討，偏偏在實際運用時其重要性超過頭部或底部，因此本單元不將菱形視為反轉型態，反而歸類在整理型態之中。

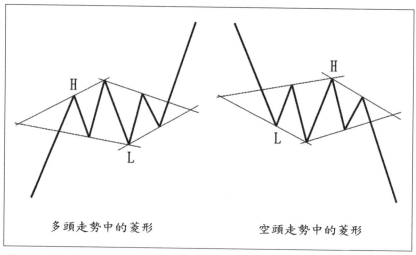

多頭走勢中的菱形　　　　空頭走勢中的菱形

圖4-70　菱形的型態

　　當股價走勢暫告一個段落後進入整理，圖形出現類似擴張的型態，卻又沒有跌破或是突破當時的趨勢線，反而形成一個收斂的走勢，這種左邊擴張、右邊收斂的複合型態，根據其高低點切線便形成一個類似平行四邊形的走勢圖，這就是「菱形」走勢，又稱為「鑽石型態」。

　　請特別注意！在多頭時，菱形走勢的最高點不是當時多頭走勢的止漲點，應該在開始進入修正時的那個高點，也就是《圖4-70》左邊所標示的H位置；在空頭時，菱形走勢的最低點不是當時空頭走勢的止跌點，應該在開始進入修正時的那個低點，也就是《圖4-70》右邊所標示的L位置。

## 成交量

　　與大部分的整理走勢一樣，通常在止漲點會出現量增且K線收黑的現象，而在回檔低點也會有量縮價穩的訊號。如果原始趨勢是屬於多頭，則突破菱形的下降趨勢線時，宜量增中長紅表態，通常在突破之後會呈現量價齊揚的走勢往既定目標攻堅；如果原始趨勢是屬於空頭，則跌破菱形的上升趨勢線時，毋須配合成交量的增減，只是量增殺得兇。而在型態整理末端的成交量，整體變化以呈現遞減為佳，但並非每一檔股票都會呈現這種技術現象。

## 浪潮與相對位置

　　在空頭時，出現菱形的時機，通常可以分為：

一、**當股價走勢進入中期空頭的初期時**，股價已經修正告一段落，進入看似盤底階段，但卻劇烈震盪，暗示當時利

空消息不斷，景氣面亦有嚴重疑慮，因此在破線後往往使股價進入主跌段。

二、**當股價進入中期空頭的中、末期時**，股價修正暫告結束並進入盤底階段，但景氣面尚無好轉現象，投資人裹足不前，搶短的力道也不敢積極進駐，最後使股價無力挺升，最後再破線修正一個明顯的波段。

在多頭時，出現菱形的時機，通常可以分為：

一、**當股價走勢進入中期多頭的初期時**，股價已經上漲告一段落，或是突破某一個壓力帶，使走勢進入修正走勢，或是臨時出現突然性的利空，使股價出現劇烈震盪的修正，接著卻沒有明顯的修正幅度出現，代表反映利空之後多頭看好而進場承接。

二、**當股價進入中期多頭的中、末期時**，因為漲升幅度已大，獲利了結的賣壓加劇，但業內人士與後知後覺的投資人卻把握逢低可以進場的良機，使走勢在劇烈震盪後呈現收斂的盤整待變。

就浪潮的定位而言，出現菱形通常被定位在#-2波或是#-4波，而且所處的波浪位置都是屬於攻擊波當中居多，比如：第3大波中的第2小波或是第4小波，空頭則是出現在C波中的第2小波或是第4小波。少部分會被定位在B波的走勢當中，成為A波與C波走勢的中繼型態。

## 幅度測量

本型態的測量方法有三種，分述如下：

一、利用《N型理論》進行等幅槓桿的計算，如圖中標示，多頭目標＝H＋L－某一個起漲點，空頭目標＝H＋L－某一個起跌點。

二、利用突破點進行等距離測量，如圖中標示，多頭目標＝突破點＋（H－某一個起漲點），空頭目標＝跌破點－（某一個起跌點－L）。

三、利用原始趨勢計算出的黃金螺旋目標，以未完成的目標為參考。

## 領先買賣點與標準買賣點

在多頭中出現菱形的整理走勢時，以出現疑似收斂型態的谷底為領先買進點，當以中長紅的多頭表態突破收斂走勢的下降趨勢線時，是第一標準買點，而股價上漲接近菱形的最高點時，因為空頭會嘗試打壓，或是多頭利用短線震盪進行沉澱籌碼與清洗浮額的動作，故可以等待拉回的時機進行買進，此時是第二標準買點。

在空頭中出現菱形的整理走勢時，以出現疑似收斂型態的峰頂為領先賣出點，當以中長黑的空頭表態跌破收斂走勢的上升趨勢線時，是第一標準賣點，而股價下跌接近菱形的最低點時，因為多頭會嘗試止跌，或是多頭搶短與空頭先行短線搶補，故可以等待反彈的時機進行賣出，此時是第二標準賣點。

## 停損與獲利的定位

在多頭時,如果是利用領先買點進場者,宜用型態最低點為作多停損點,跌破停損觀察價時務必在反彈時逢高退出,而在第一標準買點買進者,其作多停損點為突破下降趨勢線的那一筆K線低點,在第二標準買點進場操作者,則以當時的正反轉低點為作多停損點。

在空頭時,如果是利用領先賣點進場者,宜用型態最高點為作空停損點,突破停損觀察價時務必在回檔時逢低回補,而在第一標準賣點賣出者,其作空停損點為跌破上升趨勢線的那筆K線高點,在第二標準賣點進場操作者,則以當時的負反轉高點為作空停損點。

至於獲利出場點,無論是在多空的哪個市場,只要滿足最小測量幅度就可以獲利了結,或是未到測量幅度但卻出現明顯的多、空表態,也要注意是否先行落袋為安?尤其出現本型態時的波浪相對位置,極有可能是某一個第4小波時。

## 投資策略的擬定與規劃

本型態之所以又被稱為「鑽石型態」,除了形狀類似之外,是因為在型態整理結束之後,對應的行情走勢通常較為明確,且合理的漲幅也容易達成,使投資人享受到較佳的投資報酬率,就如同挖掘到鑽石,因此在走勢圖中發現這種型態可能成立時,所採取的操作態度將會較其他型態積極。

在多頭時，走勢疑為菱形且進入收斂型態時，利用底部第二隻腳的觀念，可以在收斂的谷底之處先行佈局，突破下降趨勢線時為加碼買進點，如果是在突破下降趨勢線時才進場者，在逢型態最高之後的震盪時，守住當時多頭支撐，並在出現多頭攻擊訊號為加碼買進點，空頭的操作請將上述相反即可。

## ～ 實例說明 ～

請看《圖4-71》。矽品股價的日線圖，在中長期的多頭上漲走勢過程中，當股價在標示A，穿越以L～H為測量段，計算黃金螺旋的2.618倍之後，便進入短線震盪走勢，並使震盪走勢形成菱形的整理型態。當在標示B突破菱形的整理區間之後，暗示股價將往原始趨勢的方向繼續前進。

因為菱形是一個整理型態，所以我們可以利用《N型理論》的槓桿原理，計算基本的上漲目標區，即目標＝50.5＋46.5－33＝64元，在標示C被滿足，在此同時，也滿足以標示L到標示H為測量段，計算黃金螺旋的4.236倍，而後續股價持續上攻，在標示D滿足5.236倍。當股價行進至此，已經是短線風險區了，投資人在短線上不適合再積極追價，反而是要注意退場時機。

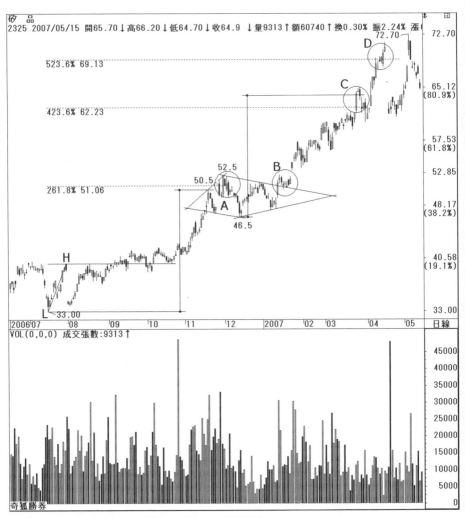

圖4-71　菱形的圖例之一（資料來源：奇狐勝券）

　　請看《圖4-72》。國建股價的週線圖，在中級修正的過程中，出現如圖所示的菱形修正型態，當在標示A跌破型態的上升趨勢線，代表整理結束，股價將往原始趨勢的方向繼續修正，其未來可能的滿足區＝16.8＋13.5－20.5＝9.8元，在標示B被滿足後，股價隨即出現反彈，走勢相當符合股價波動原理。

圖4-72　菱形的圖例之二（資料來源：奇狐勝券）

　　請看《圖4-73》。桐君閣股價的日線圖，在中級上漲的過程中，出現如圖所示的菱形修正型態，在標示A、B的位置，即型態的低點都呈現量縮的訊號，這可以視為洗盤點，同時提高研判型態修正結束的可靠性。最後股價以中長紅突破代表整理結束，亦即股價將往等幅的目標＝H＋L－4.85前進。

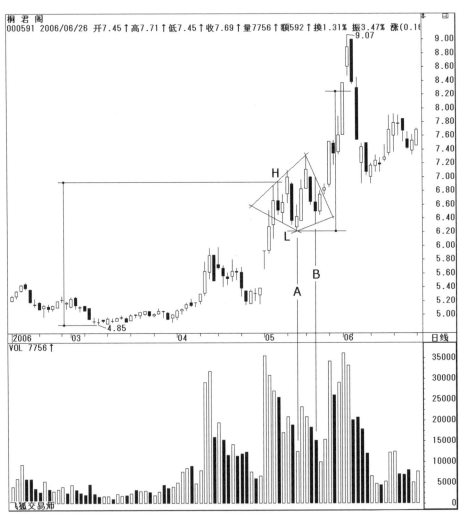

圖4-73　菱形的圖例之三（資料來源：飛狐交易師）

　　請看《圖4-74》。藍星清洗股價的週線圖，在中級修正的過程中，出現如圖所示的菱形修正型態，當在標示A跌破型態的上升趨勢線，代表整理結束，股價將往原始趨勢的方向繼續修正，其未來可能的滿足區＝H＋L－16.9，在標示B被滿足後，股價隨即出現反彈，走勢相當符合股價波動原理。

圖4-74　菱形的圖例之四（資料來源：飛狐交易師）

# 5

## ··· 頭部型態 ···

頭部型態其實與底部型態在辨識上有互為倒影的關係，比如：型態的形成、浪潮的定位等都與底部型態雷同，但成交量的變化就不盡然相同，尤其頭部區著重在「**出貨量**」的研判。至於操作策略上，賣出點代表的是融券放空點，但礙於交易制度的法規不同，有些個股無法在平盤下融券放空，有的市場則是尚未開放融券交易，因此在規劃策略時，投資人宜根據書中所描述的內容進行調整。

既然與描述底部型態的內容大致上雷同，投資人在閱讀本章時，可以考慮只瀏覽關於成交量的說明，然後再將實例加以研讀即可。

當股價走勢圖處於多頭走勢過程中，出現向上停滯的走勢，並進入所謂的整理過程，如果整理時形成負反轉高點漸低，即所謂「**高點越來越低**」的條件時，暗示股價進入較小層級的空頭走勢，此時出現的「**頭部型態**」就是多轉空訊號的前兆。如果空頭可依賴型態的力道加以適度發揮，便可確認趨勢形成反轉，否則頭部型態也只是一個次級回檔波動。

　　因此我們可以如此定位：**在一個中期上漲的趨勢中，如果想要扭轉其原趨勢，必須經過所謂的「盤頭」**。在實務經驗中，雖然頭部型態大小有異或是週期不同，經過統計歸納可以容易被辨識者有：V型反轉、雙重頂、三重頂、頭肩頂、碟形頂與盤跌式的複合型頂部。

# V 型反轉

### 走勢的特點

　　V型反轉的一般型態如《圖5-1》所示。又被稱為「單腳反轉」、「單腳跳」，**是頭部型態中走勢相對強勁者，但也是最不容易切入的走勢**。本型態通常發生在明顯的上漲走勢之後，即K線出現連續的日出上漲，接著以明確的空頭K線呈現止漲（標示H），緊接著再以連續的日落線型，跌破開始上漲的正反轉低點（標示L），此即完成V型反轉。

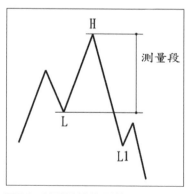

圖5-1　V型反轉的型態圖

此型態被確認的特點：

一、跌破標示L的水平頸線時必須呈現真跌破訊號。

二、若走勢下跌到標示L1止跌反彈（這段走勢不一定會發生），被歸類為短線逃命，其高點大部分不會與經過L的頸線產生重疊現象。

## 成交量

一般而言，上漲的走勢是量能溫和遞增較佳，但是V型反轉往往在創新高時，會有「突兀量」、「草叢量」的現象，甚至在股價衝高時，出現明顯的「量價背離」與「量能萎縮」現象，使當時多頭上攻產生了「出貨」或是「動能停滯」的疑慮，當出現對標示L的水平頸線呈現跌破訊號後，便可以確認主力早已經完成「出貨」行為。

在股價從標示H處開始下跌後，通常量能會伴隨著走勢下跌而持續減少，少部分走勢量能會微增，這是散戶投資人因為消息面看好而進場的表徵居多，但是量能結構會在跌破頸線的附近呈現「量能退潮」的技術現象，假設股價曾經發生L1的止跌反彈走勢，反彈的這段通常會伴隨量能增加，部分會呈現「中指量」的技術現象。

## 浪潮與相對位置

本型態不必然發生在歷史高點，也可以發生在某一個反彈走勢結束的高點。通常本型態出現之後的跌幅，往往會超過預期的測量幅度並讓股價創了當時的新低點，假設此型態僅滿足標準測幅或是沒有滿足測幅，也就是發生時只是針對

前波上漲出現較為強勁回檔而已，那麼這段走勢將被定位成為#-2波、#-4波或是B波。

## 幅度測量

本型態的測量是在走勢圖跌破標示L的頸線之後，利用最高點到L的距離，再往下計算一倍，即基本幅度目標＝L×2-H。請注意！這是**基本幅度**，在一個空頭下跌過程中，下跌幅度往往會超過此預期，若僅僅滿足或是未滿足此幅度，請提防這可能是一個回檔修正或是失敗型態。

## 領先賣點與標準賣點

本型態切入的困難點，在於標示H止漲後，便出現空方攻擊的K線一路向下，並沒有明顯的反彈提供操作者做切入的著力點，因此不推薦領先賣點，必須等到跌破標示L的頸線之後才考慮做融券賣出的動作，或是等待出現標示L1的止跌反彈時再考慮切入。

操作者另一個難以切入的困難之處是：應當在跌破頸線時就大膽切入，還是等待止跌反彈時再切入？畢竟走勢不一定會出現如標示L1的暫時止跌現象，如何抉擇將考驗投資人的智慧與膽識。

## 停損與獲利的定位

本型態的操作停損點在跌破頸線的那筆K線高點，當突破停損點時，應該逢回檔退出，觀察是否再度上漲或是呈現另外一種頭部型態。至於獲利退出點則是在滿足目標區之後

便可以伺機退出，若投資人對波浪理論較為熟稔，也可以根據發生的位置推演較大層級的滿足區，並利用移動式停利法則幫助我們抱股，擷取較大的波段利潤。

### 投資策略的擬定與規劃

當完成Ｖ型反轉的型態時，往往因為股價已經下跌了一段距離，保守型的投資人礙於心理因素無法放膽切入，又因為走勢快速，能夠投入的資金比例在風險考慮下必然相對較少，這是因為人性的弱點導致，並非技術分析能夠解決的問題。而積極型的投資人，在完成型態當時就可以大膽切入，並以當時跌破的高點為停損觀察點即可。

為了可以大膽切入佈局操作，培養辨識潮汐相對位置的能力應更下功夫，尤其在短、中、長週期都暗示有機會走完上漲波動時，無論是否會出現本型態，都應該特別注意該股的短線走勢。

# 型態的變化

Ｖ型反轉的走勢不必然會與一般型態(即如《圖5-1》所示)相符，往往會在實務操作遇見產生變化的型態，如《圖5-2》所示，是屬於左肩擴張的Ｖ型反轉；而《圖5-3》所示，是屬於右肩擴張的Ｖ型反轉。這兩種型態與頭肩頂看似雷同，其實在走勢圖上仍有差異，尤其是從標示Ｈ處開始的下跌，呈現力道的方式會有明顯不同。

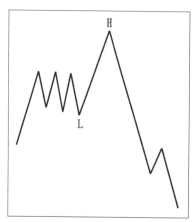

圖5-2　左肩擴張的V型反轉

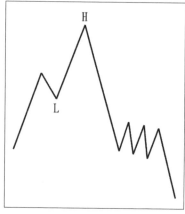

圖5-3　右肩擴張的V型反轉

　　左肩擴張的含義是當時已經有初步止漲的跡象，亦即先出現疑似出貨量後才進入橫盤整理，此時上漲幅度已高，利多的消息面卻不斷的釋出，市場上更會耳語傳聞主力未來將做價到多少目標，事實上量能結構已經失衡，最後量能無以為繼或是爆大量出貨後止漲反轉。雖然可以利用上述訊號先將多單退出，但是順手融券放空卻有其風險，仍需跌破最後起漲低點，確定V型反轉成立再出手較妥。

　　右肩擴張的含義則是該股在漲升末端，忽然出現特殊的利空刺激，使主力順勢壓低出貨，在跌破標示L的水平頸線之後，利用破支撐反彈的技術現象，形成L1的止跌點並且反彈，此時便會使盤勢出現橫向震盪，主力再將手中剩餘的持股順勢出脫，因此會出現這種線形的股票多屬於中小型的投機股，而在反彈結束後，因為主力早已出場，股價在無人積極支撐的局面下，將會再度迅速下跌。

## ❧ 實例說明 ❧

請看《圖5-4》。台壽保股價的日線圖，從36.3元上漲到73.5元，並分別於標示A穿越黃金螺旋測量的2.618倍，與標示B穿越3.236倍，同時標示A、B的對應位置附近，成交量有背離的傾向，因此股價有機會進入整理走勢。

當股價從標示H的高點開始進入整理時，並沒有出現明顯的頭部，而是一路向下最後在標示C的位置跌破標示L的頸線。正常而言，剛從多頭走勢進入修正走勢，跌破重要支撐時多少會出現反彈，但是在標示D的反彈過程，僅撞及頸線且未突破標示C的K線高點，這種跡象是代表跌破頸線為真跌破，標示D的反彈為回測頸線的動作，整個型態即為V型反轉。

出現V型反轉的走勢時，其下跌基本幅度根據計算為46.9元，在標示E穿越滿足。請投資人注意！**滿足目標後不必然出現反彈或是續跌**，如果要出現反彈走勢，則必須先出現止跌＋盤底的現象，否則股價將會維持繼續修正的走勢。

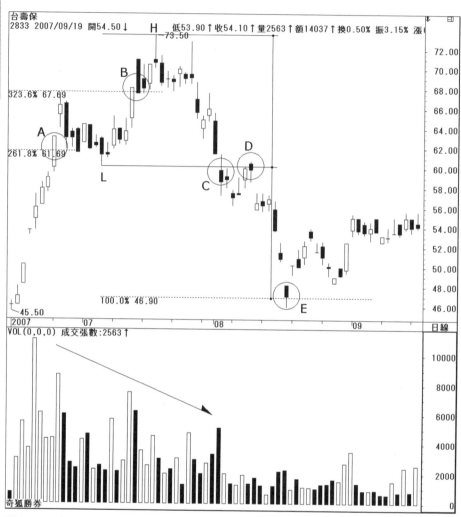

圖5-4　V型反轉走勢的圖例之一（資料來源：奇狐勝券）

　　請看《圖5-5》。永鼎光纜股價的日線圖在上漲過程中，在標示A滿足黃金螺旋的5.236倍，雖然股價進入震盪，但並未盤頭下跌，接著在標示H的位置穿越6.854倍的幅度，通常穿越這個目標值之後，往往是重要的轉折點，尤其在標示P的位置出現了量價背離與草叢量的訊號。

　　如果沒有出現轉折的走勢，則投資人必須注意是否在取段測量上出現了偏差。

　　當股價從標示H出現轉折後向下修正，在標示B的位置跌破標示L的水平頸線，同時呈現真跌破的技術現象，使型態完成了V型反轉，股價將往基本幅度滿足，亦即標示C的位置。而股價滿足跌幅後出現反彈屬於正常範圍，當再度破底時，則應考慮改換其他測量工具。

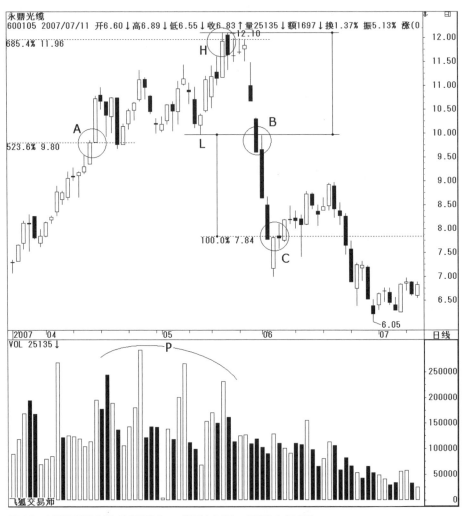

圖5-5　Ｖ型反轉走勢的圖例之二（資料來源：飛狐交易師）

　　請看《圖5-6》。新農開發股價的日線圖，分別在標示A與標示B的位置，穿越黃金螺旋的4.236倍與5.236倍，接著股價在震盪後拉抬創下10.95元的高點止漲，並形成迴轉線型急速修正，當在標示C的位置跌破頸線，完成Ｖ型反轉的型態，且呈現真跌破的訊號時，便暗示股價將往基本幅度滿足。

　　然而股價在接近目標值時先出現反彈測試頸線，亦即標示D的位置，這往往會使投資人以為反轉型態遭到破壞，多頭已經再度轉強，結果卻仍未突破標示C的K線高點壓力，使Ｖ型反轉型態維持真跌破的訊號。

　　因此在標示D的位置止漲後，股價仍有機會往既定目標前進，最後在標示E的位置獲得滿足。

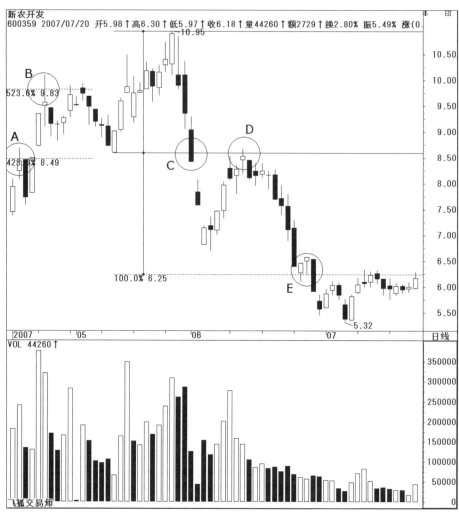

圖5-6　V型反轉走勢的圖例之三（資料來源：飛狐交易師）

　　請看《圖5-7》。接著觀察新農開發股價另一段時間的日線圖，當時股價在突破前高後於16.56元止漲，股價形成轉折跌破標示L的頸線，在此時已經可以確認這段上漲是反彈波動的結束，同時形成V型反轉的型態，因此投資人宜密切注意標示A能否維持真跌破的訊號？就標示P的成交量而言，已經形成大量套牢，且將被定位為「出貨量」，因此更增加型態完成的可靠度。

　　因為大陸的股票尚未開放融券操作，所以投資人只能避開介入這種走勢圖的個股，或是儘快將手中所持多單退出，因為反彈結束後所進入的修正，很容易出現所謂的主跌段。假設當時投資人可以進行融券操作，那麼在標示B出現反彈測試頸線的動作時，一旦呈現止漲訊號，將會是最佳切入操作時機，當時只要空方能夠維持標示A的真跌破現象，未來股價將往基本的下跌幅度滿足，標示C正代表這樣的訊息。

　　融券操作者在滿足基本幅度後，如果看見股價止跌，則應當先行回補空單，但股價走勢既然已經架構在主跌段的背景下，在反彈結束之後，仍需注意空單介入時機。

主控戰略型態學

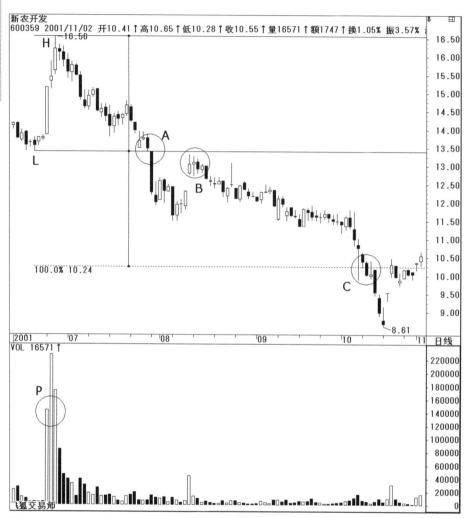

圖5-7　V型反轉走勢的圖例之四（資料來源：飛狐交易師）

# 雙重頂

## 走勢的特點

　　雙重頂因為走勢的形狀與英文字的M相似，故又被稱為「M頭」，請看《圖5-8》。本型態為**頭部型態之王**，因為最容易辨識，但也最容易被誤判。

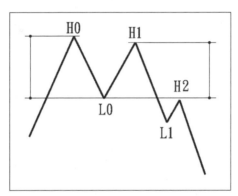

圖5-8　雙重頂型態

　　雙重頂型態的形成，是股價上漲到某一個價格水準之後（標示H0），股價開始進行短線回檔，並止跌於標示L0的位置，股價接著反彈測試前波高點附近的壓力，但是並沒有再度創下新高點，形成標示H1的峰頂，亦即維持H1 ≦ H0的狀態，最後再從H1開始下跌，並跌破經過L0的水平頸線，至此，雙重頂的型態才算初步完成。

　　因為雙重頂的谷底只有一個，因此水平頸線的畫法就是經過L0低點的那條，通常沒有修正必要。如果在跌破頸線

後，尚未滿足目標之前，先出現止跌反彈，也就是標示L1～H2這段走勢，通常被稱為「回測」、「後抽」，亦可以視為「**短線逃命**」，但無論如何，H2的訊號不得破壞真跌破的技術現象。而本型態出現後，不一定會造成整個走勢扭轉，也有可能只是短期回檔或是引動中期回檔波動而已。

## 成交量

標示H0的位置，被稱為第一個頭，在此附近的成交量通常是呈現「**量價背離**」的技術現象，部分會呈現爆大量的情形，但無論是哪種量能結構，都可以看見被懷疑是出貨的訊號。而在標示L0的頸線附近，往往是成交量萎縮所造成的止跌，其目的是為了引誘散戶投資人，誤判走勢呈現「**量縮價穩**」，應該準備逢低買進。

雖然股價果真從L0處開始反彈，但卻無法帶動多頭走勢，股價在還未創下新高點以前便止漲壓回，也就是在標示H1之處完成所謂的第二個頭，這也是主力另外一次出貨的位置，當跌破頸線後於L1先行止跌反彈，通常這個反彈較為無力，具有警覺性的投資人會在此處趕緊退出，而標示L1～H2的這段量能也會增加，是主力再一次出貨時機，只是規模相較於H0與H1要少得多。

## 浪潮與相對位置

走勢高點看見的頭部不一定可靠，但是反彈高點看見的頭部，可靠度將會大幅的增加，因此建議投資人在運用時，應該找尋明顯、層級相對較大的反彈波動中的B波峰頂，此

時當頭部完成之後所造成的股價下跌，通常會伴隨著崩盤走勢，其融券放空的利潤會相當驚人。

利用多頭五波上漲的末端找尋頭部亦可，也就是在波浪理論中，屬於#-#-5波的位置。同時也可以考慮將這樣的型態套用在週線圖上，使操作的輪廓放大、利潤增加。

當雙重頂型態被確認後，對於波浪未來可能的定位，我們可以假設標示H0～L0這段是屬於#-#-1波，標示L0～H1這段是屬於#-#-2波，而從標示H1開始下跌這段是屬於#-#-3波，是否如此，驗證方法相當簡單，除了要注意《波浪理論》的鐵律之外，如果從標示H1開始下跌這段連最基本的跌幅都無法滿足，很顯然的就是假設錯誤，代表投資人不小心操作了一個類似回檔的波動，那麼接下來應該會出現「**假跌破**」的訊號，即觸及停損點並引發停損機制的啟動。

## 幅度測量

本型態基本的測量方法有兩種，一個是傳統型的翹翹板測量，另一種是進階型的黃金螺旋測量。

**傳統型的測量方法**是：計算頸線到第二個頭的距離，從頸線往下再攻擊等幅，即基本幅度目標＝L0×2－H1。而**進階型的黃金螺旋測量**，其目標計算則是＝H0－(H0－L0)×黃金螺旋比率數字。黃金螺旋比率數字即為1.618、2、2.618、3.236、4.236、5.236、6.854之類。

運用測量法則時，必須針對浪潮的位置加以調整，才能使頭部型態的運用發揮到極致，但是型態完成後未能滿足基本幅度，便屬於失敗型態，無須懷疑。

## 領先賣點與標準賣點

膽大心細的投資人可以根據上漲走勢，研判頭部成型的機率高低，因此可以在第二個頭的位置出現發動訊號時領先賣出，這些訊號先以K線攻擊為主，其他技術指標為輔，例如：出貨量確認、均線糾結的三合一、BIAS領先指標的訊號等等，而標準賣點在於跌破頸線或是回測頸線時進場。投資人必須根據自己的技術能力與承受風險程度的高低，衡量恰當的進場時機。

## 停損與獲利的定位

若是領先進場的投資人，也就是賣在第二個頭附近的位置，其停損點應設在第二個頭的峰頂，沒有突破峰頂以前續空無妨，當突破之後應於逢壓回時先退出。若是於跌破頸線或是回測頸線時進場者，其停損點都設定在跌破頸線的那筆攻擊K線的高點，當突破該筆K線高點時，則應逢回檔退出。雖然觸及停損點時，有可能是主力想要逃命將價格再做高，但大部分都是攻擊失敗的意思，沒有必要冒「無法確定是否再創低」的風險。

基本的獲利點就是滿足基本幅度。這對短線帽客而言，或許已經足夠，但是對於波段操作者，其利潤顯然是太少了，因此必須先定位當時頭部發生的位置，才能有效決定使

用的測量工具是否恰當，並擬定較佳的停利出場觀察點。

## 投資策略的擬定與規劃

**資金部位較大者的投資人**：設定好投入該股的資金比例後，在週線第二個頭的位置便可以開始進行佈局的動作。一般而言，在懷疑是週線第二個頭時，會利用日線圖的訊號分批進場佈局，其停損點都設定在第二個頭的峰頂，當日線頭部成立，並開始出現下跌走勢時，初期以月線（21MA）為移動式的觀察參考，末期則以黃金螺旋的中長線目標為主，並搭配K線止跌訊號，分批回補手中空單進行落袋為安。

**資金部位較少的投資人**：雖然使用的技術分析訊號相同，但是進場時機只有兩個位置，一是第二個頭附近的空頭攻擊訊號，進場資金比例不宜高於設定券空該股資金的三成，在此時進場的停損點設定在第二個頭的峰頂，而最後的資金應於型態完成後介入，這時所有持股的停損點都應設定在跌破頸線的那筆。至於獲利點則是利用黃金螺旋測幅與10MA的擺動做為停利的參考。

**資金更少的投資人**：進場點沒有選擇的條件，只有跌破頸線或是回測頸線的標準賣點位置，因為資金少，機動性更佳，停損與停利都可以快速執行，故可以選擇風險較高的停利方法，以博取利潤最大化。

以上的策略需要隨著實際走勢的變化進行調整，並非一成不變。

## 型態的變化

雙重頂的走勢在跌破頸線之後，回測頸線的動作少部分
會相對的複雜，也就是會像《圖5-9》所示，在跌破頸線之
後的回測，形成一個橫向的整理走勢，這會使投資人懷疑頭
部是否真的完成？假使在橫盤整理時沒有突破停損觀察點，
那麼投資人應無視於這樣的擺盪行為，倘若突破停損點，則
不需要其他任何揣測，宜先行退出觀望，等待走勢明朗化後
再行進場。

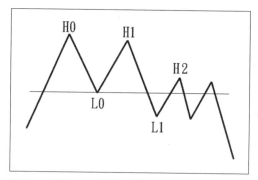

圖5-9　雙重頂的變化型態

此外，本型態其他變化還有所謂的「**複合式雙重頂**」，
亦即第一個頭是一個雙重頂的型態，即所謂的「複合左
肩」；或者第二個頭是另一個較小層級的雙重頂型態，即所
謂的「複合右肩」。這種複合型態往往使技術分析者認為這
是一個三角形的走勢圖，但是我們嚴格的區別，三角型態是
屬於整理型態，不屬於頭部反轉型態。

### ❧ 實例說明 ❧

　　請看《圖5-10》。友旺股價的週線圖，利用黃金螺旋測量標示L～H的波段，在標示A穿越2.618倍後出現爆大量止漲壓回，然後在標示N結束第一段修正，當股價再度上漲時，只到標示H1就止漲，並未創下新高點，這種行為被歸類是反彈波動，因此有第二頭的疑慮，而當時在標示B的成交量也呈現量增訊號，但相對於第一頭的成交量則較少。

　　後續股價在標示C的位置，以長黑K線跌破頸線，當時成交量反而較標示B增加，因此代表當時殺盤力道較重，未來跌幅將比較容易超過基本的測量幅度，因此股價若能反彈回測頸線，對於融券操作者而言，將是恰當的切入點。最後股價在標示D的位置滿足基本測幅，而走勢圖也如當時跌破頸線出現量增殺得凶的暗示，超跌了許多。

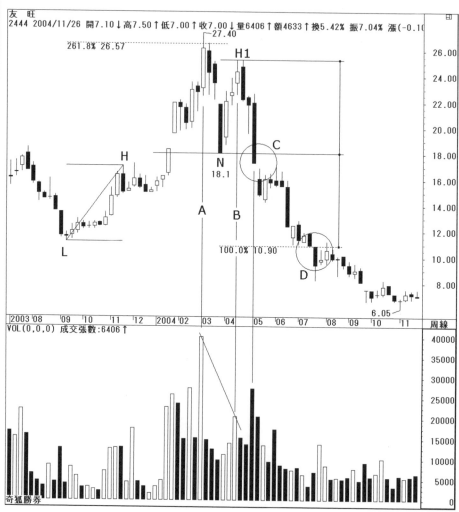

圖5-10　雙重頂型態的圖例之一（資料來源：奇狐勝券）

請看《圖5-11》。在兆赫股價的日線圖中，從止漲高點168元，到標示H1、H2的高點是越來越低，從標示N1、N2的低點越來越高的型態，會使人誤以為這是一個收斂三角形，並以後續股價走勢形成轉折將三角形定位成反轉型態，其實這種型態在《型態學》中，應該被歸類為複合式頭部。至於如何分辨進入整理過程時，是將形成中繼走勢的三角形，還是形成反轉的頭部，則必須交給潮汐與測量協助研判，若能配合《波浪理論》的推演將更加相得益彰。

在圖中，標示N1屬於頭部的頸線，標示H1是屬於頭部第二頭的位置，至於標示N2的頸線，因為與N1有點距離，當利用水平線切割時，無法同時切過N1、N2兩個低點或下影線，又不影響K線實體，此時就代表N2是另一個頭部的頸線，如果可以同時切過N1、N2的位置，則這一個型態將被定位成為「三重頂」。

既然這個型態出現兩條頸線，代表它有兩個頭部，一般會以最低的那條頸線為主要頭部的頸線，而以N2為頸線的頭部便屬於第二頭複合的型態，在標示A同時跌破兩條頸線，後續出現反彈回測頸線的走勢，並沒有破壞真突破的訊號，因此在標示B出現的止漲訊號，將是融券操作者最佳介入時機。而股價走勢也如測幅所估計，在標示C滿足頭部下跌的基本幅度。

主控戰略型態學

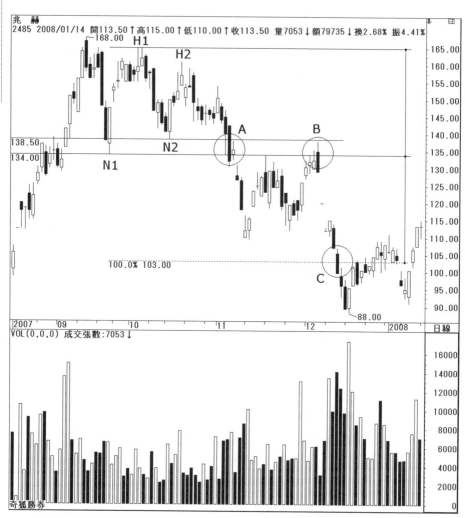

圖5-11　雙重頂型態的圖例之二（資料來源：奇狐勝券）

　　但是，不是每次看見頭部的型態下跌，都會成功的讓跌幅完成，請看《圖5-12》。柏承股價的日線圖在標示H的位置止漲，反彈的H1未創高，接著向下跌破標示N1的頸線，使M頭型態完成，如果本型態確定是一個轉折走勢，那麼應該會維持跌破頸線是真跌破的現象。

　　然而柏承股價在跌破頸線創下標示L的低點之後，沒有持續向下修正，而是先反彈回測頸線，同時將真跌破的訊號給破壞掉，在當時震盪過程中，並以標示N2為頸線、標示L1為第二隻腳，形成位於高檔區的W底，就技術分析的角度而言，這是利用底部化解頭部的行為。

　　但是請投資人注意！出現這樣的型態仍有「**反覆騙線**」的可能，因此仍需注意在完成高檔底部之後，股價必須維持對頸線真突破的訊號，否則趨勢仍將回歸原始頭部轉折的力道而向下修正。

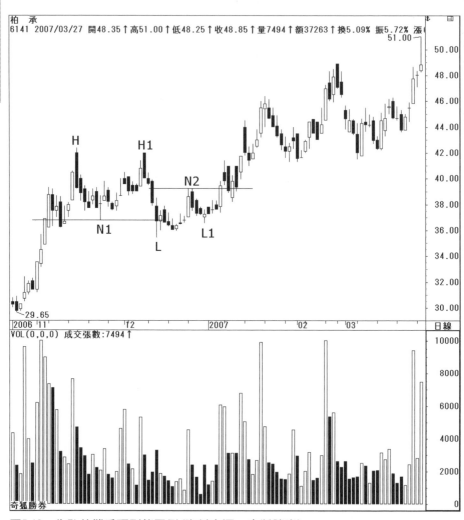

圖5-12 失敗的雙重頂型態圖例（資料來源：奇狐勝券）

　　請看《圖5-13》。在包鋼股份股價的日線圖中，前一個波段的上漲頗有主升段的氣勢，因此當修正告一段落使股價從5.48元開始上漲後，通常會先將該段走勢定位成為反彈波或是上漲的末升段，既然如此，利用黃金螺旋測量時，可以先考慮從這一個段落的上漲取段，即為圖中標示L～H這一個段落。

　　當股價上漲到黃金螺旋測幅的4.236、5.236倍時，代表短線的漲幅已經相當高，尤其是最後一段的拉抬也爆出較大的成交量，頗有業內滾量出貨的味道，因此從標示H1回折向下跌破短線多頭支撐，反彈未過前高形成標示H2的第二頭，當再跌破標示N的水平頸線時，雙重頂（即M頭）型態便完成，而在標示A出現跳空缺口，亦代表當時空頭力道較強，股價直接在標示B滿足基本跌幅是正常的波動反應。

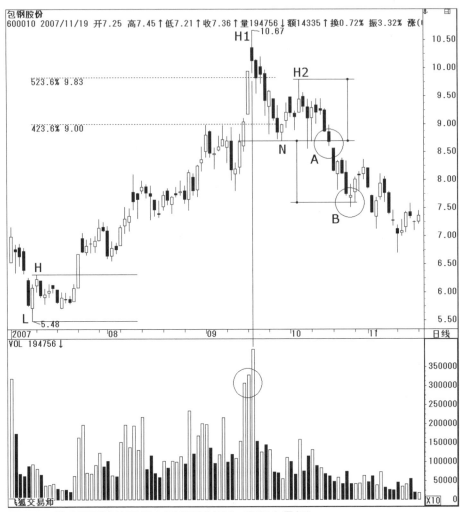

圖5-13　雙重頂型態的圖例之四（資料來源：飛狐交易師）

　　請看《圖5-14》。藍星清洗股價的週線圖，從2.25元上漲到標示H的位置，依據股價波動走勢可以先定位為初升段。在標示P的區域形成雙重頂的結構，同時也跌破頸線讓股價進行修正，當修正到標示L之處再出現如標示Q的區域，形成一個雙重底的型態，亦即股價有利用底部化解頭部的意圖。

　　在成交量方面，標示C、D呈現量縮，更增加型態完成的可靠度，最後在標示E出現中長紅突破底部的頸線。

　　操作者必須注意，股價可能在此已經化解頭部賣壓，既然如此，股價在初升段之後出現盤底走勢代表修正結束，那麼我們便可以規劃未來將有機會出現主升段的行情，投資人應該在完成底部後，在設好停損觀察點的前提下進行積極佈局的動作。

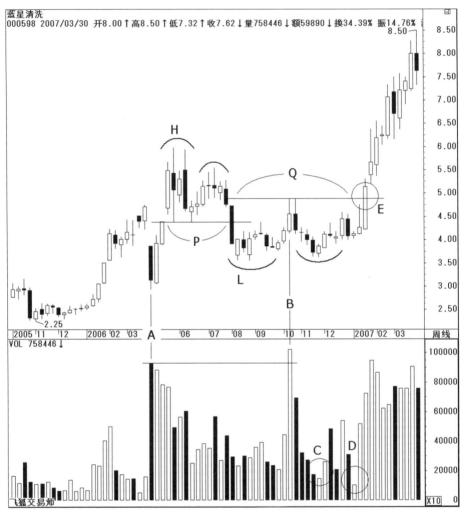

圖5-14　雙重頂型態的圖例之五（資料來源：飛狐交易師）

# 三重頂

## 走勢的特點

請看《圖5-15》，所謂的三重頂就是比雙重頂多一個頭。股價走勢發生的背景與雙重頂幾乎相同，只是從標示H1開始修正後，遭逢標示L0的水平頸線時，僅僅以下影線穿越或價格相等、或攻擊失敗形成紅K，同時止跌反彈，但卻沒有突破第二個頭的峰頂，因此形成了第三個頭。

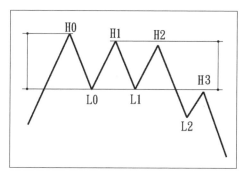

圖5-15　三重頂型態

就型態而言，其峰頂應該呈現H2≦H1，且H1≦H0的現象。又因為標示L1的止跌點，有可能曾經在盤中穿越經過L0低點的水平頸線，因此懷疑是三重頂型態時，可以針對標示L0和L1的實際情形，進行頸線的調整。調整頸線時，雖然頸線略有傾斜是可以被接受，但強烈建議儘量取水平頸線觀察，調整時的重點在於可以同時切過形成兩個低點的K線實體下緣或是下影線的端點。

　　三重頂的型態常常被使用型態分析者定位成為三角形，如複合式雙重頂中所述，我們嚴格的區別三角形是屬於整理型態，而不屬於頭部反轉型態。此外，三重頂也如同雙重頂一般，需要針對頸線以明顯的空頭攻擊做為跌破訊號，在攻擊後未滿足基本目標以前，部分走勢會有回測頸線的現象，同時這三個頭的間距也會有約略相等的特性。

　　本型態不宜與複合式雙重頂混淆，兩者之間的差異在於三重頂的頸線就只有一條，而複合式雙重頂的頸線是針對不同型態進行繪製，所以會呈現明顯的兩條頸線在不同位置。

## 成交量

　　三重頂型態的成交量變化與雙重頂大致相同，只是多了一個頭，也可以說它多反彈了一次進行出貨，而第三個頭的成交量會相較於前兩個頭還要少，如果反而較前兩個頭更多，代表主力急於出脫該檔持股，未來修正的速度將會相對快速。

　　當完成三重頂之後，因為盤頭的時間較長，出貨的行為將被執行得更加徹底，因此在後續跌幅也會相對凌厲，甚至有一口氣跌完較大層級目標的情形出現，因此回測頸線的動作將是另一次絕佳的進場券空時機。

## 浪潮與相對位置

　　三重頂發生的位置，我們強烈建議是發生在較大週期中的某一個反彈峰頂，此時出現的三重頂型態將相對可靠，除

可幫助投資人獲取基本的下跌幅度外，擷取大波段利潤的機率也提高。以《波浪理論》而言，這峰頂的位置可能是#-#-5波的末端，或是層級相對較大的反彈波動中的B波峰頂。

　　至於三重頂型態的波浪定位，與雙重頂雷同，可以假設標示H0～L0這段是屬於#-1波，標示L0～H1這段是屬於#-2波，而從標示H1～L1這段是屬於#-3-1波，標示L1～H2這段是屬於#-3-2波，標示H2上漲後這段是屬於#-3-3波，實際走勢是否如此，依然得利用《波浪理論》中的鐵律並配合測量幅度進行驗證。

## 幅度測量

　　本型態基本的測量方法有兩種，一是傳統型的翹翹板測量，一是進階型的黃金螺旋測量。

　　**傳統型的測量方法**，是計算調整後的頸線到第二個頭的距離，從頸線往下再攻擊等幅，即基本幅度目標＝頸線價格×2-H1。**進階型的黃金螺旋測量**，其目標計算則是＝H0-（H0-L0）×黃金螺旋比率數字。但無論使用何種測量方法，都需要隨著實際走勢加以調整。

## 領先賣點與標準賣點

　　在標示H1的第二個頭附近，為領先賣出點，這裡與雙重頂一樣具有指標訊號出現，其差異是在：逢頸線時三重頂將出現止跌，不會產生真跌破的訊號，此時從頸線反彈逢第二個頭峰頂壓力依然可以持續賣出。而標準的賣點在於跌破頸

線或是回測頸線時進場。我們必須再度提醒投資人注意，雖然領先賣出持股成本較低，但因為型態尚未被確認，所承受的風險也會較高，請依照自己的操作習慣，與能承受風險程度的多寡自行選擇。

## 停損與獲利的定位

採用領先賣出訊號進場的投資人，無論是賣在第二個頭或是第三個頭的位置，其停損點都應設在第二個頭的峰頂，沒有突破以前續空無妨，但突破之後就應該於逢回檔時先行退出。若是在跌破頸線或是回測頸線時進場者，其停損點都設定在跌破頸線的那一筆攻擊K線的高點，當突破該筆K線高點時，則應逢回檔退出。至於基本的獲利點就是滿足基本幅度的位置，其他上漲目標就交由浪潮走勢決定，並推演可能的目標區，進行獲利了結的參考價。

## 投資策略的擬定與規劃

本型態的策略擬定與雙重頂相同，請各位投資人參閱雙重頂的說明。

## ∽ 實例說明 ∽

請看《圖5-16》。致茂股價的日線圖在針對前波強勢反彈之後，於標示H0的位置止漲，接著股價進入壓回修正的動作，標示N形成正反轉低點，所以在此處先切出水平頸線觀察。從標示N反彈到標示H1結束，並未突破標示H0的高點，因此走勢維持高檔震盪整理，甚至有進入盤頭的可能，但是要完成頭部必須跌破頸線才行，故未來應持續觀察頸線的支撐。

走勢圖中可以察覺，從標示H1開始的向下修正，只有下影線跌破頸線，收盤價並沒有收在頸線之下，因此頭部就沒有被確認，同時也不需要修正頸線的位置，直到股價又反彈到標示H2止漲，最後在標示A跌破頸線，確認頭部型態完成。又因為該頭部出現三個明顯的止漲點，且頸線只有一條的情形下，應定位為「**三重頂**」，不宜定位三角型態或是複合式頭部。

就成交量的角度觀察，頭部形成的過程出現「**量價背離**」、「**量能退潮**」的結構與出貨量的行為，有助於頭部被確認，而在跌破頸線後如標示B的反彈回測頸線，是屬於合理的股價波動行為，這也是短線操作者伺機再介入融券操作的點位。至於型態是否全部完成，則需要滿足基本測幅這個條件，在標示C的位置就滿足最小測幅，這種行為也同時宣告該頭部未來將成為重要壓力。

圖5-16 三重頂型態的圖例之一（資料來源：奇狐勝券）

　　請看《圖5-17》，憶聲股價的日線圖。本範例曾經在《主控戰略成交量》（寰宇出版）出現過，投資人若要知道當時所報導的消息面，請參閱該書附錄。當該股利用標示L～H的上漲力道，於標示A滿足測幅2.618倍的同時，開始出現許多利多消息，但股價卻進入疑似盤頭的走勢，我們可以將29.6元當成頸線，標示H0、H1、H2分別為三個頭，在這段時間利多消息不曾間斷，就連公司的公告也與報導的利多無異。

　　然而股價就在標示B跌破頸線，使三重頂完成，在當日就傳出首季獲利不如預期、被市場誤傳作假帳和會計師拒簽財報等等利空消息。如果投資人在盤頭期，誤判走勢為中繼整理，又受到利多消息的影響而提早切入佈局的話，那麼在頭部成立時，同時又受到利空消息的刺激，下跌的速度將會較快，幅度也會較深，亦即在穿越標示C的基本幅度之後，若出現再多跌一段距離的走勢將被視為正常。

　　我們也可以從成交量的變化看出一些端倪：標示D出現大量止漲，正好在第二個頭的位置；標示E出現更大量的止漲，為第三個頭的位置，在跌破頸線時又出現量增訊號，故可以判定可能會殺得較兇，從整個型態剛開始到被確認的過程，技術面都暗示對空方較為有利。

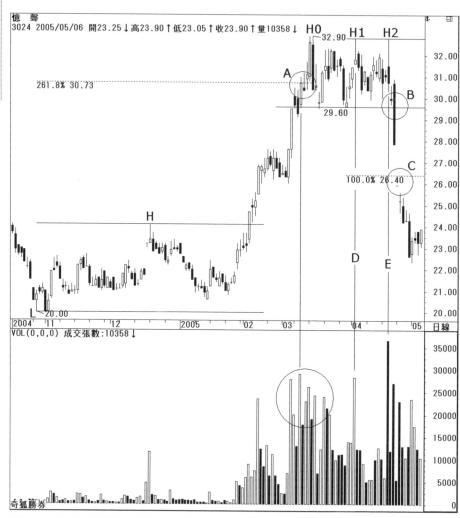

圖5-17　三重頂型態的圖例之二（資料來源：奇狐勝券）

　　請看《圖5-18》。友尚股價的日線圖，在反彈告一段落之後，股價從標示H0進入震盪，接著整個走勢逐漸形成三重頂的型態，其中標示N為修正過的頭部頸線，標示H0、H1、H2分別代表三個頭部，成交量在標示A出現滾量盤，又同時在標示H1出現一個雙重頂，因此出量的行為將被定位是出貨，既然如此，在標示B跌破頸線使三重頂完成的確定性更高，基本幅度也容易被滿足，亦即標示C的位置。

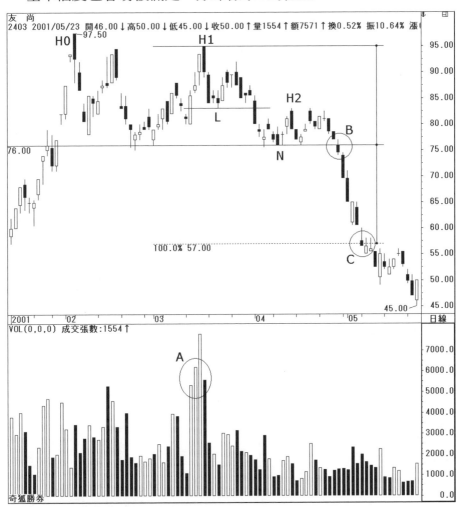

圖5-18　三重頂型態的圖例之三（資料來源：奇狐勝券）

　　請看《圖5-19》。深天馬A股價的週線圖，在針對前波強勢反彈之後，進入震盪走勢，最後形成以標示H0、H1、H2為三個頭部的三重頂型態，並在標示A跌破頸線，確認型態完成。正常而言，投資人應該規劃走勢將會修正到基本的測量幅度，亦即標示C的位置。至於標示B的反彈走勢，如果當時無法扭轉空頭走勢，則代表股價會持續修正。

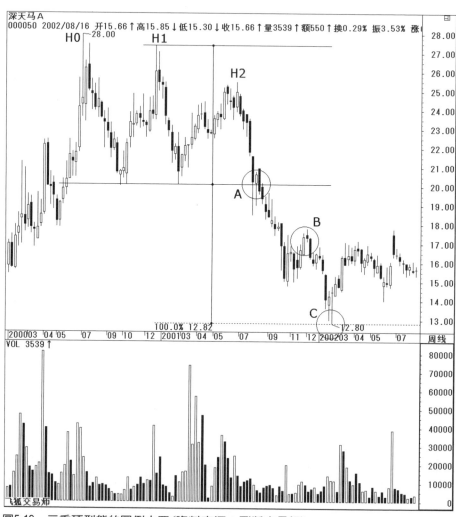

圖5-19　三重頂型態的圖例之四（資料來源：飛狐交易師）

請看《圖5-20》。中原高速股價的日線圖，在針對前波進行強勢反彈之後，開始進入震盪走勢，並形成以標示H0、H1、H2為三個頭部的三重頂型態，在標示B跌破標示N的頸線，確認型態完成，在標示C則是滿足基本的測量幅度。至於對型態辨識有把握的投資人，可以在標示A出現「**內困三日翻黑**」的K線型態時，領先進行融券操作或是退出多單。

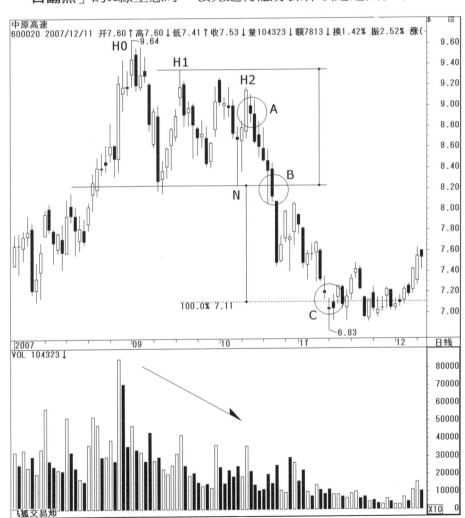

圖5-20　三重頂型態的圖例之五（資料來源：奇狐勝券）

　　請看《圖5-21》。華微電子股價的日線圖，在甫上市交易不久，即進入震盪走勢，並形成以標示H0、H1、H2為三個頭部的三重頂型態，在標示A跌破標示N的頸線，確認型態完成，在標示B出現反彈測試頸線，是屬於逃命的行為，在標示C則是滿足基本的測量幅度。而股價在上市不久就盤頭下跌，配合當時的時空背景研判，作多的投資人將可以避免介入中長線的修正走勢，導致財富的縮水。

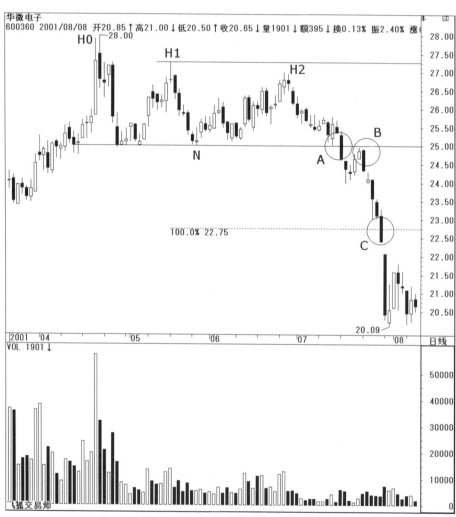

圖5-21　三重頂型態的圖例之六（資料來源：飛狐交易師）

　　請看《圖5-22》。東風科技股價的日線圖，在上漲穿越
估計的3.236倍目標，且相當接近4.236倍目標價位時，在標
示H0出現止漲，並以H1為第二頭，在標示A跌破頸線使雙重
頂被確認，修正走勢也穿越了基本測幅，接著股價開始從
4.93元反彈，當反彈穿越H0～4.93元這段的0.618倍空間，已
經算是反彈走勢的風險區，所以出現如標示H2附近的止漲訊
號是正常的。

　　而股價也從標示H2這裡開始進入震盪，並且形成以標示
N為頸線的三重頂型態，其中標示H2、H3、H4分別為三個
頭，在標示B的位置得到了確認，並在標示C完成基本的修
正幅度。

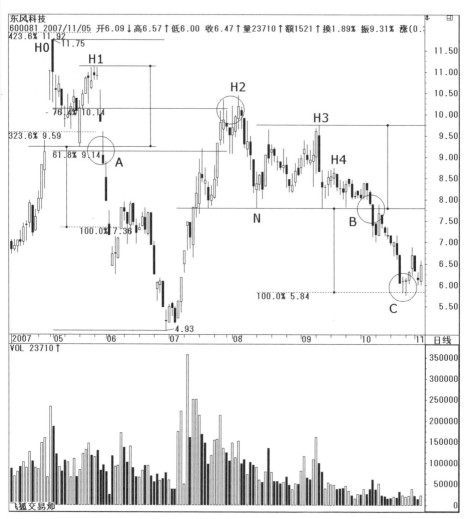

圖5-22　三重頂型態的圖例之七（資料來源：飛狐交易師）

　　請看《圖5-23》。美爾雅股價的日線圖，在上漲穿越估計
的5.236倍目標後，於標示A出現疑似暴量的出貨行為，接著
在上漲到相當接近6.854倍的目標時，在標示H0出現止漲，並
以標示H1為第二頭、標示H2為第三頭、標示N為頭部頸線，
在標示B跌破頸線使三重頂被確認，並在標示C滿足基本測
幅。

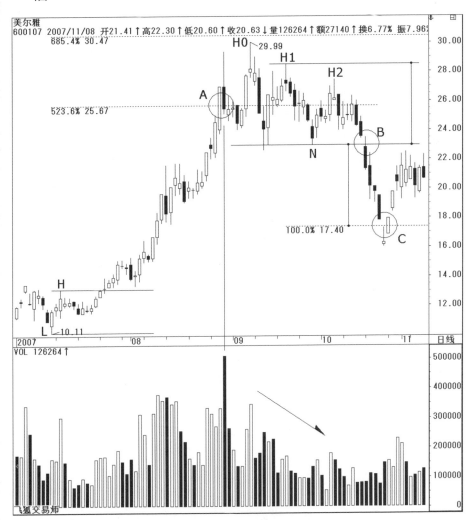

圖5-23　三重頂型態的圖例之八（資料來源：飛狐交易師）

　　請看《圖5-24》。維維股份股價的日線圖，在三波反彈之後於標示H處止漲，接著進入震盪走勢。在此處的走勢很容易會讓投資人以為是三角形整理，亦即可以切出標示H～H1的下降趨勢線，與標示L～N的上升趨勢線，但三角形走勢最好經過突破的確認，且出現三角型態時，前波最好曾經出現明顯上漲。如果這些條件都沒有出現，應該要存有走勢有機會形成三重頂或是複合式頭部的疑慮。

　　當走勢逐漸完成，型態也顯得更容易辨識，此時便可以考慮以標示N為水平頸線，因為頸線只切過標示L處的K線下影線，因此不排除有形成三重頂的機會，這樣的懷疑在標示A跌破頸線時得到確認，而在三波反彈走勢末端出現頭部型態，代表股價會回復到原始下跌的趨勢中，那麼在標示B的反彈回測，將是融券操作者最佳切入時機。

　　至於下跌目標的估算，可以利用基本測幅，又因為可能回到原始的下跌走勢，因此也可以考慮採用黃金螺旋進行測量。從線圖觀察，在標示C穿越了基本測幅，標示D是穿越以H～L為測量段計算黃金螺旋的1.618倍，而標示E則是穿越2.618倍的幅度。以成交量而言，投資人在標示P應該可以發現量能並不大，這是因為在反彈三波的過程中，已經出現量能擴增的出貨訊號，因此盤頭過程不屬於出貨行為，只是單純的價格震盪走勢而已。

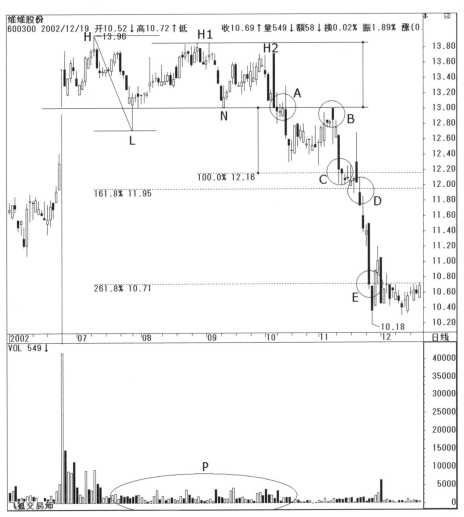

**圖5-24　三重頂型態的圖例之九（資料來源：飛狐交易師）**

　　請看《圖5-25》。航天動力股價的日線圖，在三波反彈之後於標示H處止漲，接著進入震盪走勢，並形成以H、H1、H2為三個頭的三重頂型態，頸線一開始是取標示L的低點，但經過走勢震盪後應該修正到標示N的位置較為恰當，最後股價在標示A跌破頸線使型態被確認。

　　以成交量而言，完成頭部的過程仍然對應到止漲點爆量，代表頭部區仍有短線出貨的行為。

　　就修正幅度而言，因為股價在三波反彈後盤頭，將會定義股價回復原始下跌趨勢，因此除了基本的測量幅度外，也會利用黃金螺旋進行測量。

　　如圖所示，股價在標示B同時穿越基本測幅，與H～L這段計算黃金螺旋的1.618倍目標，如果股價修正在此結束，那麼應該在當時會出現盤底的行為，事實上，我們看不到任何底部訊號，也就是代表股價將很容易往黃金螺旋的2.618倍滿足了。

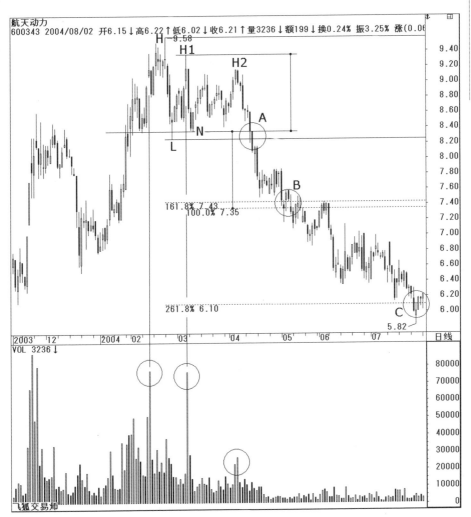

**圖5-25　三重頂型態的圖例之十（資料來源：飛狐交易師）**

# 頭肩頂

### 走勢的特點

　　請看《圖5-26》，在一個激烈的上漲走勢或是較長週期的多頭市場漲勢末端，因為價位過高使持股者開始出現獲利回吐的現象，如此一來，會使籌碼逐漸凌亂，此時若出現獲利了結的賣盤，股價便會呈現漲多拉回的走勢，這就是標示H0～L0的波段，是為「**左肩**」。

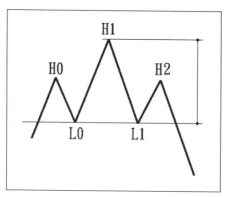

**圖5-26　頭肩頂型態**

　　當股價回檔告一段落，逢低買進的短線買盤進場，使股價再度回復上漲走勢，且創下新高點即標示H1，隨後股價再度出現下跌走勢，這段跌勢將相對的明顯，且幅度也較H0～L0這段大，通常會下跌靠近或超過標示L0的位置，再止跌形成L1的低點，而標示H1的這個峰頂便稱為「**頭**」。

　　從標示L1的低點開始上漲的走勢，其幅度將不會大於前一段上漲，亦即上漲的終點H2不會突破H1的峰頂，此處是為「**右肩**」。通常標準的型態會使H2的高點與H0的高點呈現對稱的情形，亦即時間對稱或是價位對稱，同時會出現指標訊號暗示H2的壓力成立，最後再以空頭攻擊的K線跌破頸線做為型態完成的確認。

　　因為頸線是經過標示L0和L1兩個低點，因此可以接受頸線走勢是略為傾斜，也就是可以根據實際走勢進行修正，其原則為切過的下影線越多，頸線將更為可靠，但是頸線不得切過兩個止跌低點附近的K線實體之內。

　　當取出來的頸線是如《圖5-27》向右下方傾斜時，代表當時市場空方力道較強，未來被估計的下跌幅度較低，但請注意，此型態跌破頸線的那筆K線高點，往往在回測時被測

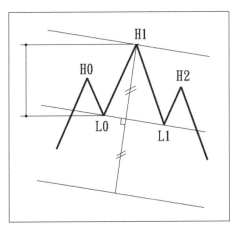

圖5-27　向右下方傾斜的頭肩頂型態

試甚至突破，後續的走勢有的形成下殺失敗、有的則持續下跌，因此遇到頸線向右下方傾斜時，對於潮汐與波浪的定位，需要更加嚴謹，以避免操作時進退失據。而當取出來的頸線若是如《圖5-28》向右上方傾斜時，代表當時市場多頭氣勢較強，未來被估計的下跌幅度較低。

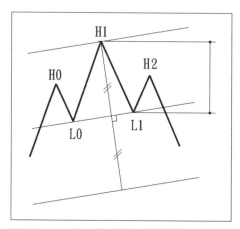

圖5-28　向右上方傾斜的頭肩頂型態

## 成交量

　　頭肩頂的成交量變化，會隨著走勢的推移逐漸減少，左肩的位置通常是成交量最高，在頭部的變化則是可以量價背離，也可以出現爆大量止漲，實務操作中，往往看見頭部爆出歷史大量。至於右肩雖然也會呈現量增止漲的訊號，但相對於左肩與頭部的規模要小得多。

## 浪潮與相對位置

　　頭肩頂型態往往被誤為在重要的多空轉折位置才會發

生，事實上根據實務操作經驗，發生在空頭已經有機會成立初跌浪走勢之後的反彈波末端，更為常見與可靠，因此它與大部分的頭部型態相同，可以發生在任何一個激烈的上漲走勢末端，或是較長週期的多頭市場上漲末端，尤其在被確定是空頭走勢來臨後的劇烈反彈結束之後出現，更能表現空頭再度攻擊的企圖心。

而本型態所代表的波浪意涵，標示H1～L1的這段可以被假設為#–#–1波或#–a波，標示L1～H2的這段可以被假設為#–#–2波或#–b波，從標示H2開始下跌的這段可以被假設為#–#–3波或#–c波，除了可以利用鐵律加以辨識之外，後續的下跌走勢將會決定是屬於哪種波形，尤其是未能滿足最基本的下跌幅度者，絕對是屬於a、b、c三波的修正走勢。

## 幅度測量

本型態標準的測量方法是先取出頭部到頸線之間的「**垂直距離**」，再從頸線向下取等垂直距離為預估目標。變化的簡易測量方法是利用最小段波幅，直接計算翹翹板的距離，如《圖5-27》是屬於往右下方傾斜的頸線，則其最小距離是標示H1～L0，那麼簡易的計算方法就計算L0×2–H1＝基本目標；同理，《圖5-28》是屬於往右上方傾斜的頸線，則其最小距離是標示H1～L1，那麼簡易的計算方法就計算L1×2–H1＝基本目標。

至於進階算法則是利用H1～L1為初跌段，計算其黃金螺旋的目標，即H1–（H1–L1）×黃金螺旋比率，利用這個方

法估算目標，可以協助研判波浪的定位，當可以下跌到黃金螺旋超過1.618倍以上的數據，才能定位該下跌段有5波結構的可能。

### 領先賣點與標準賣點

當股價上漲最近的高點比前一個波段高點還要高，其成交量也同步的比前一個波段高點還要來得少時，走勢便具備了開始盤頭的可能性，這個位置有可能是右肩的峰頂H0之處。而股價再度上漲後出現止漲、反轉、下跌；下跌時只要出現「**均線三合一**」的賣出訊號或是完成複合式頭部下跌時，可以視為「**警告賣出訊號**」，也就是說可以不必等待右肩成立就先行進場，因此屬於領先賣點的第一個賣出訊號。

當股價止跌後再度上漲，懷疑可能要進行右肩的走勢時，我們可以取經過左肩的峰頂，畫出一條平行頸線的趨勢線，找尋右肩可能的對稱落點，在此趨勢線附近出現止漲訊號時，嘗試做另一次賣出，此為領先賣點的第二個賣出訊號。這兩個訊號都在型態沒有被確立以前進行，所以是為風險較高的賣點。

而標準賣點則是空頭攻擊訊號跌破頸線的位置，是屬於最明確的賣出訊號，若跌破當時同步出現量能擴增的現象，則被視為賣壓相對沉重，未來跌勢有加劇的可能。雖然如此，在研判頭肩頂時仍需提防「**假跌破**」的訊號出現，以避免誤判回檔波動為頭部型態。

## 停損與獲利的定位

頭肩頂的停損點設置，根據賣出位置不同會產生不同差異。若是領先賣點的第一個賣出訊號進場者，其停損點設定在出現空頭訊號的高點，或是賣出訊號與最高點之間的負反轉高點；如果是領先賣點的第二個賣出訊號進場者，以形成當時右肩峰頂的最高點為停損點，至於標準賣出的停損點，則設定在空頭表態跌破頸線的那一筆K線的最高點。

至於獲利了結的點位，根據浪潮的定位不同將會有所調整，但是只要曾經滿足最基本的下跌幅度，便可以獲利了結先行退出。而頭肩頂也有可能會出現失敗的型態，因此在攻擊過程，且尚未滿足基本目標以前，若出現量增中長紅，持空單者應該提高警覺，以防型態失敗。

## 投資策略的擬定與規劃

選擇領先賣點或是標準賣點除了心態不同之外，與資金部位大小也有相當大關係。**資金部位較大者**，很難在跌破的標準賣點出現時適時切入，因此選擇領先賣點進行分批佈局是必要選擇之一，亦即在出現領先賣訊之後都可以逐次分批進場，至於停損觀察點的設置是一樣，但也可以根據實際走勢再往上調整一些空間，而突破停損觀察點之後也是逐次分批退出。

至於**資金部位較少的投資人**，只要是認定的賣點都可以進場，在沒有跌破頸線以前也可以採用短線進出的方式賺取

短線價差，或是未過停損價以前就不管短線走勢的震盪，當然，最明確的進場點在跌破頸線或是跌破後的回測，這裡的風險較低，是否會產生波段行情，或是直接觸及停損價導致出場，將會使投資人很快得到答案。

## 型態的變化

在《圖5-29》中，列出了幾個複合式頭肩頂的圖形。標示(A)是右肩複合，標示(B)是右肩與頭部複合，標示(C)是雙肩複合，標示(D)則是雙肩與頭部複合。實際上的走勢變化投資人可以自行組合，頸線的畫法與一般無異，最好是能夠切過較多的下影線，以求取相對可靠的參考。

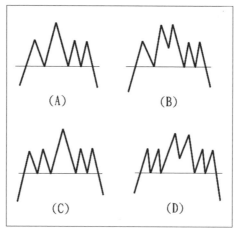

圖5-29　各種複合的頭肩頂型態

出現複合式頭肩頂時，因為其整理的時間較長，出貨的行為將更為徹底，也就是籌碼從主力轉到散戶手中的跡象將更明顯，所在籌碼相對凌亂的情形下，若出現正式跌破頸線

的走勢，後續的下跌速度與幅度將會明顯大於一般頭肩頂的型態，尤其是該型態出現在原始下跌趨勢中反彈的頭部，宜採積極融券放空的態度。

### ∽ 實例說明 ∼

請看《圖5-30》。億光股價的日線圖，在跌深後的反彈末端，先止漲於標示H0，再從L0上漲到標示H1的位置止漲，接著以標示N為頸線完成一個M頭，最後從標示L1反彈到標示H2止漲，整個型態看起來有頭肩頂的味道，因此可以利用經過L0～L1的切線為頭部頸線進行觀察。

股價走勢在標示A跌破頸線，使「**複合式頭肩頂**」的型態被確認，依型態的測量法則進行預估，基本測幅在標示B被滿足。請投資人注意，如果當時走勢仍被規劃在空頭下跌中，那麼跌幅將會超過基本幅度，此時就應該考慮改用黃金螺旋進行測量。

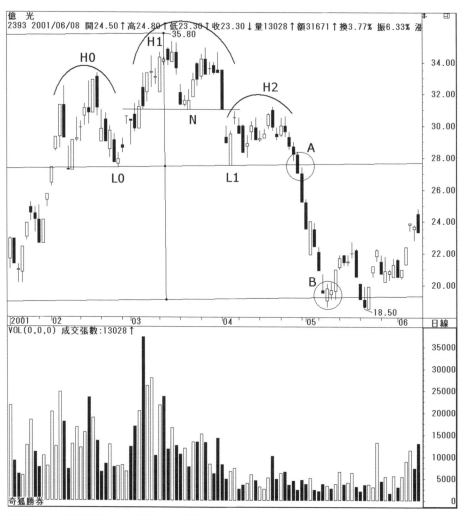

圖5-30　頭肩頂型態的圖例之一（資料來源：奇狐勝券）

　　請看《圖5-31》。玉山金股價的日線圖，在疑為屬於反彈
走勢的過程中，盤出以標示H1為左肩、標示H2為頭、標示
H3為右肩，並以標示L1～L2為頸線的頭肩頂型態，最後在
標示A被跌破確認，當股價出現如標示B的反彈測試頸線
時，將是融券操作者的最佳切入時機，基本幅度則利用頸線
到頭部的垂直距離進行等幅的測量，並於標示C獲得滿足。

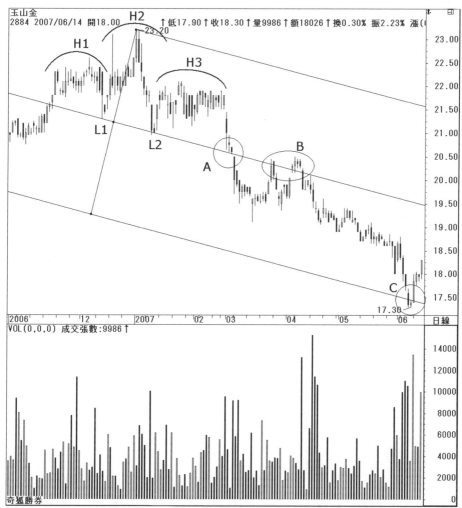

圖5-31　頭肩頂型態的圖例之二（資料來源：奇狐勝券）

請看《圖5-32》。優群科股價的日線圖，當上漲走勢有
機會告一段落時，盤出以標示H0為左肩、標示H1為頭、標
示H2為右肩，並以標示L1～L2為頸線的頭肩頂型態，最後
在標示A被跌破確認，並於標示B滿足基本的測量幅度。

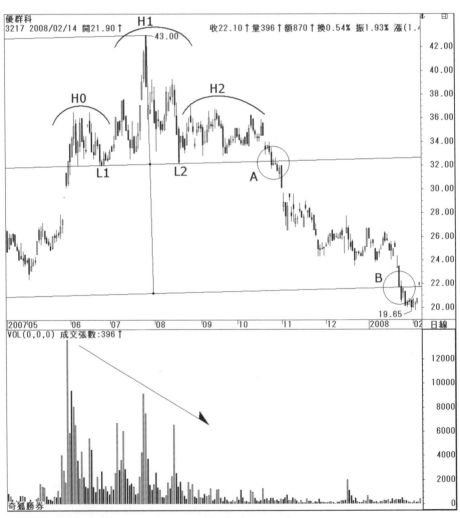

圖5-32　頭肩頂型態的圖例之三（資料來源：奇狐勝券）

　　請看《圖5-33》。彩晶股價的週線圖，在三波反彈的末端，以經過標示L1、L2為往右上方傾斜的頸線，形成一個頭肩底的型態，其中標示H1為左肩、標示H2為頭、標示H3為右肩，在標示A跌破頸線，使頭部完成確認，因此股價將有機會往基本幅度滿足，亦即標示B的位置。當股價滿足基本幅度之後，如果無法出現止跌走勢，並使浪潮轉成對多頭有利，那麼在一個中長期的下跌走勢過程中，可以考慮轉換測量工具，也就是使用黃金螺旋測量方法。

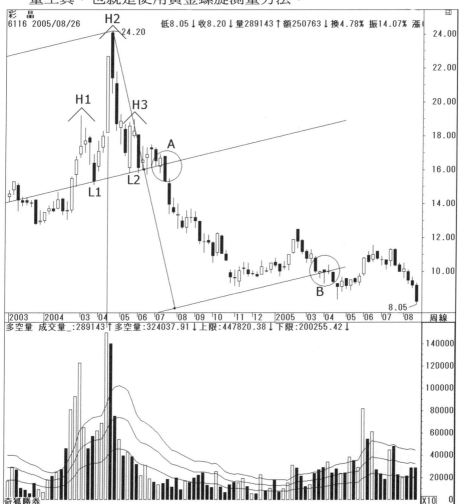

圖5-33　頭肩頂型態的圖例之四（資料來源：奇狐勝券）

請看《圖5-34》。友勁股價的週線圖在上漲到53.3元止漲，正好穿越以初升段計算黃金螺旋測量的2.618倍，接著股價進入修正，形成頭肩頂的型態，在標示H3出現大量，可以視為波段型的反彈出貨行為，最後在標示A跌破往右上方傾斜的頸線，確定型態完成。在標示B的反彈，屬於回測頸線的動作，這是融券操作者的另一次介入時機，股價修正在標示C滿足基本幅度，同時也宣告該型態未來將成為重要壓力的觀察區間。

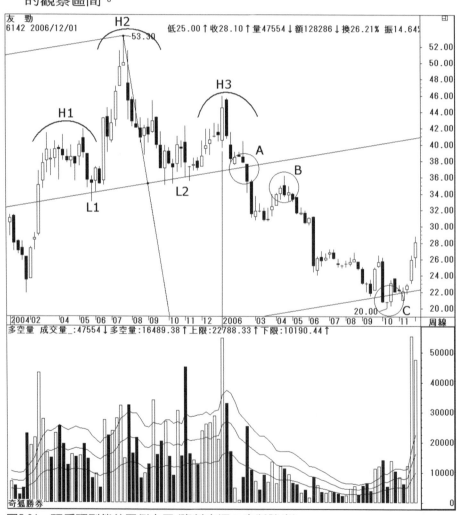

圖5-34　頭肩頂型態的圖例之五（資料來源：奇狐勝券）

　　請看《圖5-35》。航天信息股價的日線圖，在三波反彈的
末端，以標示L～H這一小段上漲幅度計算黃金螺旋進行測
量，在穿越2.618倍之後，股價進入止漲修正的走勢，並形成
以標示H1為左肩、標示H2為頭、標示H3為右肩的頭肩頂型
態，當跌破頸線並滿足基本下跌幅度後，投資人應該要注意
當時走勢若為中長線空頭格局，則應該考慮改成使用黃金螺
旋進行測量。

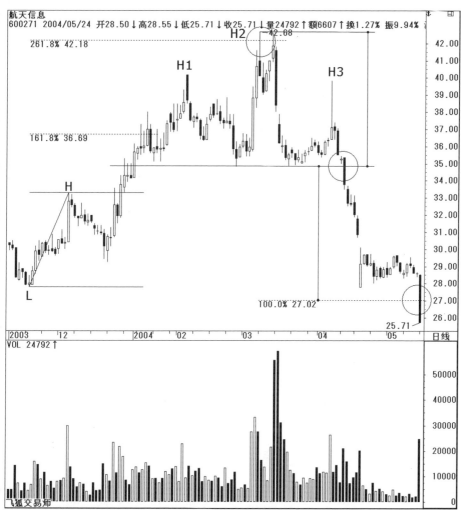

**圖5-35　頭肩頂型態的圖例之六（資料來源：飛狐交易師）**

　　請看《圖5-36》。旭光股份股價的日線圖，在某一段上漲（或反彈）走勢的末端，以標示L～H這一小段上漲為黃金螺旋進行測量，在穿越4.236倍之後股價進入止漲修正的走勢，形成頭肩頂的型態，且頸線往右下方傾斜，屬於對空頭較為有利的走勢。

　　在形成頭部的過程，標示P、Q、R的位置分別對應到H1、H2、H3，且出現大量止漲的技術現象，提高了型態被確認的可靠性。而在標示A跌破頸線後，進行對頸線反彈測試，往往會出現反覆跌破、站上的現象，這是頸線往右下方傾斜的特性，所以應該要被視為正常的走勢現象。

　　股價在反應頭部的下跌力道並在標示B滿足，假設股價沒有盤底反彈，或是呈現反彈無力的走勢，未來下跌目標除了可以用潮汐推浪的觀念進行預估之外，也可以考慮使用標示H2～N這一段幅度，進行黃金螺旋的計算。

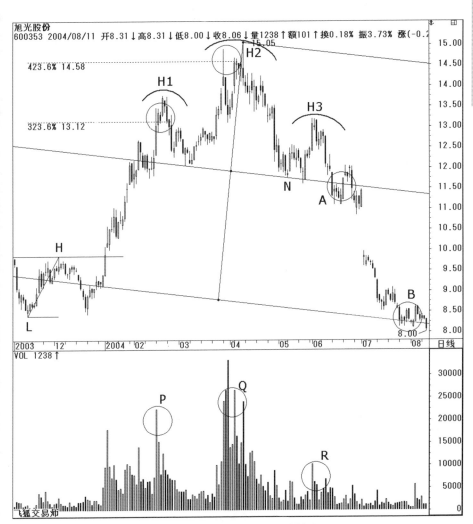

圖5-36　頭肩頂型態的圖例之七（資料來源：飛狐交易師）

　　請看《圖5-37》。華微電子股價的日線圖，在某一段上漲（或反彈）走勢的末端，以標示L～H這一小段上漲為黃金螺旋進行測量，在標示A先穿越2.618倍，震盪後再穿越3.236倍，形成標示H1的止漲修正，屬於頭肩頂的左肩，接著再拉高於16.6元止漲，形成頭部，標示H3則屬於頭肩頂的右肩，頸線則為往右上方傾斜。

　　股價在標示B跌破頭部頸線後，出現標示C的反彈回測，此處屬於融券操作的最佳進場點，當股價持續向下修正時，先以基本幅度進行測量，在標示D滿足之後，投資人應該注意是否出現盤底反彈的訊號，假設沒有盤底或是反彈無力，暗示股價修正幅度會比基本跌幅更深，此時就應該考慮使用其他測量工具進行目標的預估。

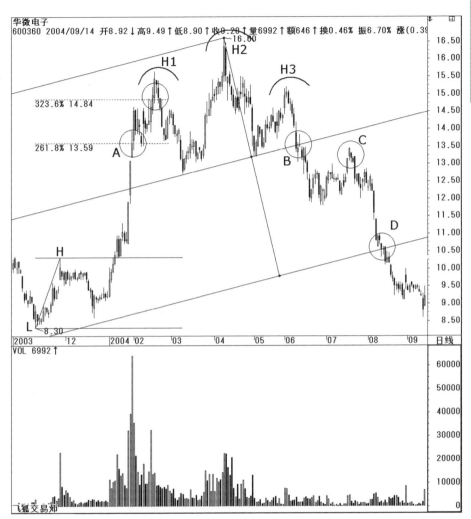

**圖5-37　頭肩頂型態的圖例之八（資料來源：飛狐交易師）**

# 碟形頂

## 走勢的特點

　　碟形頂又稱「圓弧頂」、「潛伏型頂部」，是屬於比較特殊的頭部型態，請看《圖5-38》。其形成原因是經過長期或是較為明顯的上漲走勢後，多空雙方的爭鬥趨於平緩，股價波動逐漸進入「**盤堅走勢**」，接著因為成交量的萎縮，股價上下震盪的幅度減緩，漸次由盤堅走勢轉變為「**盤跌走勢**」，在盤堅到盤跌的這段過程，短線操作者將不容易擷取操作利潤，同時波動的峰頂看起來類似一個碟形或圓弧形。

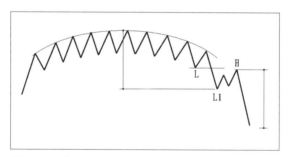

圖5-38　碟形頂型態

　　在型態末端，經過多空拉鋸後，空方漸佔上風，並使股價出現明顯下跌，脫離原本的盤跌牛皮走勢，在跌破最後一個盤跌低點（標示L處）或是開始盤堅上漲的低點時，會迫使短線多頭停損退出，當賣壓減輕、結束下跌的力道後，便形成L1的止跌低點，並使股價從此處開始反彈，而從L1～H這段走勢，是屬於反彈逃命的段落，俗稱「**杯形帶把**」。

## 成交量

　　型態的成交量並不容易描述，因為在盤堅與盤跌的過程中，成交量的變化將顯得相對凌亂，會反覆出現量增、量縮的變化，同時也會伴隨種種出貨量行為，例如：中指量、草叢量與量能退潮等等現象。

　　至於明顯下跌後的反彈逃命這段，量能結構會出現增溫，甚至會有多頭走勢的模樣，但這些訊號是迴光返照的機率較高，當出現量增不漲或是量增收黑的訊號時，往往就是反彈結束的暗示。

## 浪潮與相對位置

　　本型態大多出現在長線空頭開始的多空轉折位置，或是層級較大的B波峰頂，在波浪的定位上，從峰頂到杯形帶把的起點可以先暫定為#-C-1波或是#-a波。

## 幅度測量

　　本型態的基本測量幅度是取型態的最高點，到結束盤跌走勢那段下跌的止跌低點，也就是杯形帶把的起點為測量幅度，並從杯形帶把的終點往下扣減測量幅度即可。但本型態屬於時間週期相對較長期的頭部，出現下跌幅度超過預期是正常的，甚至會帶動更大層級的空頭發動力道。

## 領先賣點與標準賣點

對於浪潮相對熟稔者，當股價從盤堅轉成盤跌走勢之後，便可以開始進場，此為領先賣出訊號。而標準的進場點有三個可能位置：

(1)當跌破開始盤堅向上的低點時。

(2)當跌破最後一個盤跌的低點時。

(3)上述兩者跌破後的回測，即杯形帶把的終點。

其中第(2)點的訊號並不容易辨識，故雖然是屬於標準賣點，但在實務操作上較少使用。

**在這裡推薦積極操作的賣點**。因為碟形頂未來下跌的幅度相對較大，在標準賣點介入仍有其不確定因素存在，因此不妨在帶把修正結束之後，股價跌破杯形帶把的低點時積極切入，雖然此時的介入成本略高，但是介入後可以立即知悉是否屬於正確的操作決定，不確定的因素也會降到最低，利潤仍然可以使投資人滿意。

## 停損與獲利的定位

利用領先賣點進場的投資人，其停損點應設置在進場的前一個盤跌峰頂；而標準進場點的投資人，其停損點應設置在跌破的那筆K線高點，但是這個停損價位很容易被觸及，雖然如此，投資人仍應嚴守紀律。至於推薦使用的積極進場點，停損點亦為跌破的那筆K線高點，此價位相對容易研判，因為要完成碟形頂的下跌，這個位置空頭必定力守，萬一突破該價位，我們就要懷疑是否誤判型態，或是誤判杯形

帶把的段落。

## 投資策略的擬定與規劃

　　本型態策略相對的難以被確認。除非有相當把握，推論走勢圖在進行盤頭時，是屬於對空頭有利的浪潮位置。根據實務操作經驗，傳統的波浪理論在這部分的運用相對不足，只有利用潮汐觀念與波浪理論所蛻變出的「推浪三部曲」與「潮汐推動」的觀念，才能穩定的拿捏。

　　若是屬於保守與波段型的操作者，在盤堅轉盤跌的過程，就可以逐漸佈局，並忽略短線的上下震盪，只要守穩盤跌峰頂就毋須將手中空單退出，隨著股價盤跌向下，自然會拉開持股成本，當出現積極操作的賣點時，再做最後的加碼動作，並將所有持股的停損點，全部移動到跌破的那筆K線高點。

　　至於積極型的操作者，發現有可能是屬於碟形頂的型態時，必須將其列入積極觀察名單，因為它的整理時間相當長，故需要時時留意。當出現積極操作的賣點時，便可以大膽切入，看看是立即獲得明顯的下跌波段利潤；否則就觸及停損點後逢壓回出場，乾脆俐落一點也不拖泥帶水。

## ～ 實例說明 ～

請看《圖5-39》。東企股價的日線圖，在中長線反彈走勢的末端，股價進入盤堅上漲走勢，接著再從盤堅轉為盤跌走勢，最後跌破盤堅上漲的起點（即標示N），使股價震盪盤頭的型態形成所謂的碟形頂。如果以頸線到最高點進行幅度計算，在標示A就滿足了，而後續的反彈顯然也是反應這個技術現象。但是請投資人注意，股價也可能在滿足我們所預估的目標後，不出現任何反彈，不宜因為出現幾個這樣的例子，就斷定滿足目標或是跌破支撐，股價必然將會出現多少幅度的反應。

然而碟形頂的標準測量幅度，應該是要利用標示H～L為測量段，再從標示H1往下扣減，但股價走勢在標示L1開始又出現另一段反彈，因此也可以將H～L1當成測量幅度。

至於上述三種測量方法中，哪種在當時走勢是最恰當，恐怕無法立刻下定論，保守操作者可以取最短的測幅，積極操作者可考慮大一點的測幅，但無論採取哪種態度面對，都應該要審視當時的時空背景，以避免主觀意識過度膨脹。

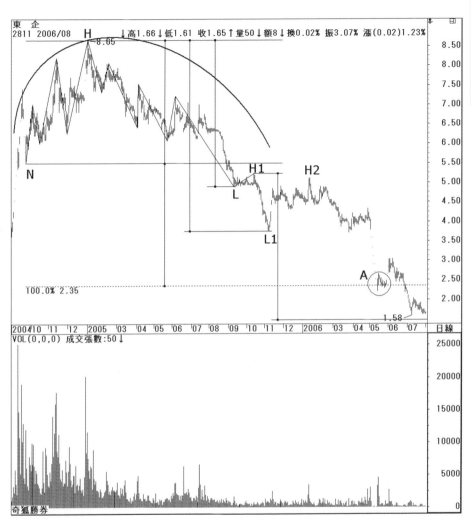

**圖5-39　碟形頂型態的圖例之一（資料來源：奇狐勝券）**

　　請看《圖5-40》。三峽水利股價的日線圖，在中長線的反彈走勢末端，出現了碟形頂的頭部型態，在標示P是形成頭部過程時成交量的變化，這些成交量將被定位成為出貨量。

　　因此股價在脫離盤跌走勢之後，便可以先假設頭部已經完成，融券操作者除了可以在標示H1的止漲點出手之外，也可以在標示A的追賣點進場操作，或是進行加碼的動作。

　　目標則是先利用標示H～L這一段為測量幅度，並從標示H1的高點往下扣減，即為基本下跌的目標區，標示B便是滿足基本幅度的位置。

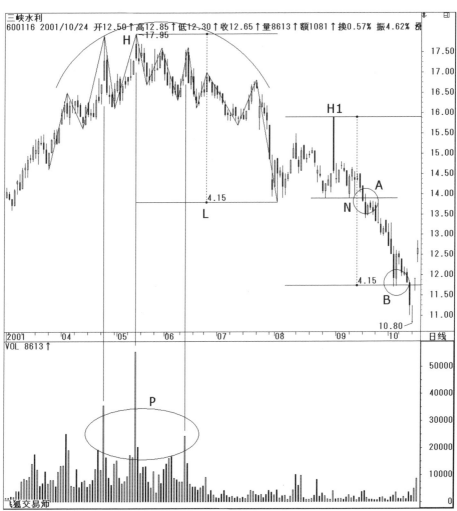

**圖5-40 碟形頂型態的圖例之二（資料來源：飛狐交易師）**

# 盤跌式的複合型頂部

## 走勢的特點

本型態在所有技術分析的文獻中，從未被提及，但在實際走勢中卻常常看見它的身影，事實上它是相當重要的型態之一，投資人不宜忽略。請看《圖5-41》。

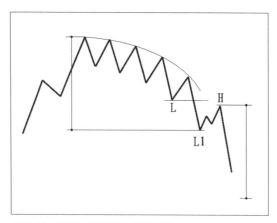

圖5-41　盤跌式的複合型頂部

當股價出現明顯的上漲走勢之後，沒有出現傳統的頭部訊號，反而以盤跌模式一路向下，形成「**盤跌出貨**」的走勢，並在跌破最後一個盤跌低點，或是某一個上漲的起點之後，脫離盤跌的走勢，並形成止跌反彈回測跌破的頸線位置，從標示L1～H的這段為「**逃命**」走勢，也可以稱為「**杯形帶把**」，從線圖來看，與碟形頂的差異在於左半邊的走勢不同，故也可以稱此型態為「**半圓弧頂**」。

## 成交量

　　既然本型態在明顯上漲後進行盤跌出貨的模式，那麼盤跌過程的成交量必定會出現反覆量增、量縮的動作，量增可以視為短線出貨行為，量縮則是暫時價穩行為，出貨行為所造成的高點必須維持峰頂逐漸降低。而結束盤跌走勢時的量能變化通常伴隨著「量能退潮」的訊號被確認，跌破杯形帶把的低點時，通常也是伴隨著價跌量縮，如果在跌破頸線時量增，則將被視為「量增殺得凶」的技術訊號。

## 浪潮與相對位置

　　本型態主要發生在股價走勢多頭急漲，或是剛下跌後就快速反彈的相對高點，空頭利用急漲模式誘使多頭看好進場，或是主力藉上漲走勢進行出貨，然而此型態仍有可能被誤判，尤其是在下跌一大段之後的急漲，出現類似型態後，結果是回檔B波的走勢，故請投資人務必分辨之間的差異。在波浪的定位上，通常會將盤跌走勢的最高點到杯形帶把的止跌低點這一整段，暫時先視為是#–C–1波或是#–a波。

## 幅度測量

　　本型態的基本測量幅度是取型態的最高點，到結束盤跌走勢那段下殺的止跌低點，即杯形帶把的起點為測量幅度，並從杯形帶把的終點往下扣減測量幅度即可。因為本型態屬於主力倒貨積極且全身而退的操作型態，因此下跌幅度往往會超過預期計算的幅度，甚至會帶動更大層級的空頭發動力道。

### 領先賣點與標準賣點

本型態的賣點與碟形頂相同，請參閱碟形頂的說明。

### 停損與獲利的定位

本型態的停損與獲利的定位與碟形頂相同，請參閱碟形頂的說明。

### 投資策略的擬定與規劃

本型態其投資策略的擬定與規劃與碟形頂相同，請參閱碟形頂的說明。

　　請看《圖5-42》。億泰股價的週線圖，在中長線反彈的
末端止漲後，股價進入盤跌，其型態接近盤跌式的複合型頂
部。當股價有機會脫離盤跌，並在明顯的下跌走勢後出現一
個波段的反彈，通常是融券操作者最佳的切入點，此處也是
向下計算修正幅度的基準點。

圖5-42　盤跌式的複合型頂部圖例之一（資料來源：奇狐勝券）

　　請看《圖5-43》。ST國農股價的月線圖，從3.51元的低點開始上漲後，利用標示L～H的幅度進行黃金螺旋的計算，股價在穿越3.236倍的下一個月出現止漲，接著出現盤跌走勢進行修正，以前波上漲走勢明顯，但修正過程以盤跌方式呈現的型態來看，頗有機會形成所謂的盤跌式複合型頂部，當股價脫離盤跌並出現反彈時，代表該頭部型態已經完成，未來股價將會修正到基本的下跌幅度。

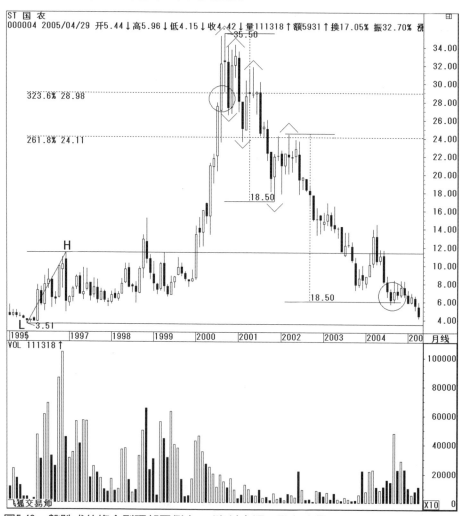

圖5-43　盤跌式的複合型頂部圖例之二（資料來源：飛狐交易師）

# ⋯• 結　語 •⋯

**本**書是《主控戰略》書系的最後一本，雖然探討的範圍是屬於很古典的技術分析——型態學，但是在型態的分類與運用上，大膽的將部分內容做了與傳統不同的變革，或許這種舉動可能遭致維護傳統者批評，但《型態學》發展至今已經有百年歷史，股價走勢的變化也因為投資人對於市場的認識而顯得更加複雜，因此對於走勢圖的研判，不能完全抱殘守缺，不合時宜或是分類不夠嚴謹的觀念，應該揚棄就要揚棄，就如同我們尊重傳統的價值，但也不能忽視現代火箭絕對會比沖天砲更具威力的事實。

　　書中對於傳統論述所進行的調整，並非標新立異或是不認同傳統，而是筆者在研究型態與實際操作中曾經遇過的難處，發覺要更有效率、更清晰認識這套理論，一定要將傳統的看法經過重新歸納，雖然目前書中所述僅披露最佳化內容的其中部分，但對於初探技術分析且有心研究型態學者，本書的撰寫與分類方式，應該會有絕對性的幫助。

　　當各位讀友運用技術分析研究金融市場中的走勢圖時，自然會發現有其迷人之處，但是必須提醒各位讀友，我們所使用的技術分析並不成熟，而它也不是一個完美無缺的工具，利用這樣的工具進行觀察時，難免會產生模糊不清的時候，這時就是市場告訴我們應該休息的時機了。

　　《型態學》、《波浪理論》與《目標量測》等所有技術分析，甚至基本分析、經濟理論等等，都是不完美的工具。這樣說的目的，不是要各位讀友不使用，而是提醒大家，使用時要隨時保持謹慎並注意安全，就如同不能因為汽車安裝了安全氣囊，開車時就可以橫衝直撞。

　　曾經有網友這樣問：「為什麼要進行目標的測量？這樣可以幫助我們賺到錢嗎？」

　　答案非常肯定：「當然不能。」

　　想要賺錢，需要進場操作才有機會，但是進場後不一定會賺錢，仍然有賠錢的可能，所以我們希望進場操作時可以做對方向，研判方向就是技術分析能夠提供的功能之一，但因為技術分析工具並不完美，所以需要進行研判上的修正調整。

　　至於目標測量的功能是什麼呢？目標測量是順勢的研判，其目的是做為停利、攻擊強弱程度的參考，因此方向研判錯誤，進行目標測量就完全沒有意義了。所以弄錯趨勢的

方向，預測點位是沒有任何意義，甚至方向研判正確，預測的目標點位也不一定會滿足，假如滿足目標，我們便可以根據滿足的幅度定位走勢的強度，沒有滿足基本目標，就代表該方向走勢屬於弱勢，此時停利或是退出觀望與否等等配套的操作策略就因應而生，因此技術分析的技巧越熟稔，在走勢變化過程中能夠對應產生的策略也就能更快速精確，這才是技術分析的最大功能。

希望各位讀友能夠在閱讀《主控戰略》書系之後，逐漸釐清技術分析的邏輯定位。最後，非常感謝許多朋友對於本書系的支持，因為有了各位，這幾本書才顯得有些許價值。

本書系到此結束，謝謝大家！

# ⋯• 參考書目 •⋯

書名：*Technical Analysis of Stock Trend*
作者：Robert D. Edwards & John Magee

書名：*Encyclopedia of Chart Patterns*
作者：Thomas N. Bulkowski

書名：*How Charts Can Help You in the Stock Market*
作者：William L. Jiler

# ⋯ 附 錄 ⋯

在前幾本拙作中，探討到關於半對數座標時，筆者採用了相對複雜的定義，亦即半對數座標，是針對某一個座標進行半對數的數學計算，與一般的定義與認知並不相同。

承蒙 chuangman 網友的指正：半對數座標是指在 X 軸或 Y 軸的座標中，其中一個使用對數座標，另外一個使用普通座標。所以一般股票分析軟體所提供的對數座標，即為半對數座標(semi-log)。chuangman 網友又說：在剛開始發展技術分析的時代，並沒有像現在有電腦可以輔助計算，應該不會採用相對複雜的計算方式進行繪圖。

真是一語驚醒夢中人，這麼簡單的道理，筆者竟然沒有想透，一直往複雜的圈套裡鑽，且在研究過程中產生疑問時，沒有深入探究原始的文獻，實為筆者疏忽，亦是研究方向產生誤差且態度不夠嚴謹，導致在關於半對數坐標的使用定義上出現了偏差，真是深感慚愧，今利用《主控戰略》書系的完結篇，向各位讀友們致上深深歉意，並對半對數座標

圖進行重新說明，同時感謝各位讀友的鞭策與指正。

一、在前幾本書中對於半對數座標的認知，是指針對價格座標（縱座標）進行半對數的計算方式，這是複雜化的用法，正常的運用應該不會這麼複雜。

二、標準的半對數座標運用，是指價格座標（縱座標）採用對數座標，而時間座標（橫座標）採用普通座標，也就是在兩個座標軸中，只有一個座標採用對數座標，即成為半對數座標。

三、在前幾本書中，在需要使用半對數座標時，是建議利用一般軟體的對數座標（其實就是半對數座標）進行繪製，雖然誤打誤撞讓讀友不至於錯用，但是對於做學問的態度不夠嚴謹，仍是需要深切檢討。

　　最後，除了感謝各位讀友的支持外，更要為書中的所有產生的錯誤（包含錯、漏字）再次道歉，同時請讀友們見諒，亦請各位在未來的時間裡，能持續給予鞭策、指正。

　　非常感謝大家。

國家圖書館出版品預行編目資料

主控戰略型態學 / 黃韋中著, – 初版. – 台北縣板橋市：大益
　文化, 2008〔民 97〕
　　　面;　　　公分　　　（大益財金；6）
　ISBN 978-986-82530-5-6（平裝）

　1. 證券投資　2. 投資技術　3.投資分析

　563.53　　　　　　　　　　　　　　　　　97009898

**大益財金 06**

# 主控戰略型態學

作　　　者：黃韋中
發　行　者：大益文化
出　版　者：大益文化事業股份有限公司
地　　　址：台北縣板橋市中山路一段 293 之 1 號 7 樓之 1
電　　　話：(02)2687-8994　　傳　　真：(02)2687-5183

總　經　銷：采舍國際有限公司
發 行 中 心：台北縣中和市中山路 2 段 366 巷 10 號 3 樓
電　　　話：(02)8245-8786　　傳　　真：(02) 8245-8718
發 貨 中 心：台北縣中和市建一路 89、89 號 6 樓
電　　　話：(02)2226-7768　　傳　　真：(02)8226-7496

全系列書系特約展示門市
新絲路網路書店
地址：台北縣中和市中安街國立台灣圖書館 B1
電話：(02)2929-0559
網址：www.sikbook.com

定　　價：680 元
西元 2008 年 6 月初版
ISBN：978-986-82530-5-6（平裝）